全国技工院校机械类专业通用（高级技能层级）

机床电气控制（第三版）习题册

陆雪影　主编

中国劳动社会保障出版社

简介

本习题册是全国技工院校机械类专业通用教材（高级技能层级）《机床电气控制（第三版）》的配套用书。本习题册紧扣教学要求，按照教材章节顺序编排，知识点分布均衡，题型丰富多样，难易配置适当，有助于学生复习巩固所学知识。

本习题册由陆雪影担任主编，蒋琪、丁国明参加编写。

图书在版编目(CIP)数据

机床电气控制（第三版）习题册/陆雪影主编．--北京：中国劳动社会保障出版社，2019

全国技工院校机械类专业通用．高级技能层级

ISBN 978－7－5167－4102－3

Ⅰ．①机…　Ⅱ．①陆…　Ⅲ．①机床-电气控制-技工学校-习题集　Ⅳ．①TG502．35－44

中国版本图书馆 CIP 数据核字(2019)第 157606 号

中国劳动社会保障出版社出版发行

（北京市惠新东街 1 号　邮政编码：100029）

*

北京市艺辉印刷有限公司印刷装订　　新华书店经销

787 毫米×1092 毫米　16 开本　5.25 印张　122 千字

2019 年 8 月第 1 版　　2023 年12月第 6 次印刷

定价：10.00 元

营销中心电话：400-606-6496

出版社网址：http://www.class.com.cn

http://jg.class.com.cn

目　录

第一章　三相异步电动机基本控制线路

§1—1　电气控制系统图识读

一、填空题（将正确答案填写在横线上）

1. 电气传动系统由________、________、________和________________四个部分组成。

2. 电气原理图一般分为__________、____________和__________三个部分。

3. 电气原理图中的电源电路画成________________线，三相交流电源相线 L1、L2、L3 自________而____________依次排列画出，中线 N 和保护线 PE 依次画在____________之下。直流电源则__________端在上，__________端在下画出。电源开关要__________画出。

4. 主电路主要由__________、__________、__________和__________组成，通过它的是电动机的__________，一般画在电路图的________侧且________电源电路。

5. 辅助电路一般包括：控制主电路工作状态的______________；显示主电路工作状态的__________；提供机床设备局部照明的__________等。辅助电路通过的电流都________，一般不超过________A。

6. 画电气原理图时，控制电路、指示电路、照明电路要跨接在__________相电源线之间，依次__________画在主电路的__________侧，且电路中与下边电源线相连的耗能元件画在电路的__________方，而电器的触点画在耗能元件与__________边电源线之间。

7. 电气原理图中有直接电联系的交叉导线连接点要用__________表示；无直接电联系的交叉导线连接点则__________。

二、判断题（正确的打“√”，错误的打“×”）

1. 在电气原理图中，流过主电路和辅助电路的电流相等。（　　）

2. 电气原理图中的辅助电路一般跨接在两相电源线之间并水平画出。（　　）

3. 画电气原理图、电气安装接线图、电气元件布置图时，同一电器的各元件要按其实际位置画在一起。（　　）

4. 电气安装接线图主要用于电气线路安装、调试和维修，不能用来分析线路的工作原理。（　　）

5. 电气原理图一般是按“自左至右，自上而下”的顺序识读。（　　）

6. 电气元件布置图是根据电气元件在控制电路板上的实际安装位置绘制的简图。（　　）

三、选择题（将正确答案的代号填在括号内）

1. 能够充分表达电气设备和电器的用途以及线路工作原理的是（　　）。

A. 电气安装接线图　　B. 电气原理图　　C. 电气元件布置图

2. 同一电气元件在电气原理图和电气安装接线图中使用的图形符号、文字符号要（　　）。

A. 基本相同　　　　　　　B. 不同　　　　　　　　　C. 完全相同

3. 主电路的编号在电源开关的出线端依次标为（　　）。

A. U、V、W　　　　　　　B. L1、L2、L3　　　　　　C. U11、V11、W11

4. 辅助电路按等电位原则从上至下、从左至右的顺序使用（　　）编号。

A. 数字　　　　　　　　　B. 字母　　　　　　　　　C. 数字或字母

5. 控制电路编号的起始数字是（　　）。

A. 1　　　　　　　　　　B. 100　　　　　　　　　C. 200

四、简答题

1. 什么是电气原理图？其作用是什么？

2. 什么是电气安装接线图？其作用是什么？

3. 请在图1—1中标出主电路、控制电路、KM接触器的触点和线圈。

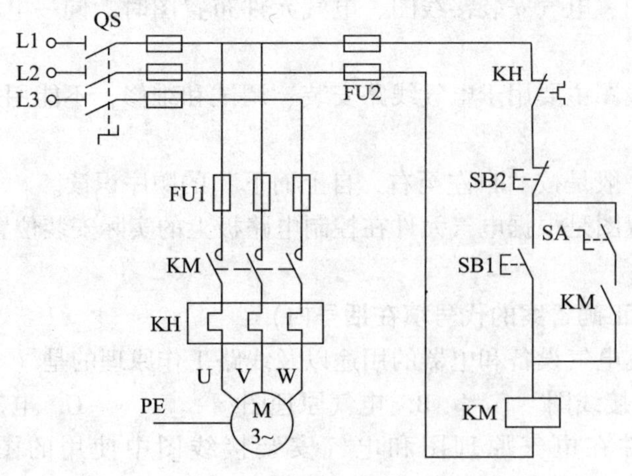

图1—1

§1—2　电动机单向运行控制

一、填空题（将正确答案填写在横线上）

1. 所谓低压电器通常是指工作在＿＿＿＿＿＿＿＿、＿＿＿＿＿＿＿＿及以下电路中的电器。

2. 常用的低压开关有＿＿＿＿＿、＿＿＿＿＿＿＿＿和＿＿＿＿＿＿，它们的文字符号分别是＿＿＿＿＿＿、＿＿＿＿＿＿和＿＿＿＿＿＿。

3. 低压电器的种类繁多，按动作方式可分为＿＿＿＿＿＿和＿＿＿＿＿；按用途可分为＿＿＿＿＿＿和＿＿＿＿＿。

4. 低压断路器既可用于通断电路，又能进行＿＿＿＿、＿＿＿＿、＿＿＿＿保护。

5. 交流接触器是一种自动的＿＿＿＿开关，是利用＿＿＿＿作用下的吸合和＿＿＿＿作用下的释放使触点闭合和分断的控制电器，主要由＿＿＿＿、＿＿＿＿＿＿和＿＿＿＿三部分组成。

6. 交流接触器的电磁系统主要由＿＿＿＿＿、＿＿＿＿＿和＿＿＿＿＿三部分组成。交流接触器利用电磁系统中＿＿＿＿＿的通电或断电，使静铁芯吸合或释放＿＿＿＿＿＿，从而带动＿＿＿＿＿与静触点闭合或分断，实现电路的接通或断开。

7. 熔断器是低压配电网络和电力拖动线路中作为＿＿＿＿的电器，使用时＿＿＿＿＿在被保护的电路中。

8. 按钮是一种＿＿＿＿＿＿＿＿＿＿＿＿的控制电器，其触点允许通过的电流较小，一般不超过＿＿＿＿＿。

9. 热继电器是利用电流的＿＿＿＿效应原理来工作的＿＿＿＿电器，具有＿＿＿＿＿＿＿＿＿＿特性。热继电器的热元件要串接在＿＿＿＿中，常闭触点要串接在＿＿＿＿中。

10. 接触器自锁控制线路除具有自锁功能外，还具有＿＿＿＿＿保护和＿＿＿＿＿＿保护功能。

11. 要求几台电动机的启动或停止必须按一定的＿＿＿＿＿＿来完成的控制方式称为电动机的顺序控制。三相异步电动机可在＿＿＿＿＿或＿＿＿＿＿实现顺序控制。

12. 主电路实现顺序控制的特点是：后启动电动机的主电路必须接在先启动电动机接触器的＿＿＿＿下面。

13. 控制电路实现顺序控制的特点是：后启动电动机的控制电路必须＿＿＿＿＿在先启动电动机接触器自锁触点之后，并与其接触器线圈＿＿＿＿＿；或者在后启动电动机的控制电路中串接先启动电动机接触器的＿＿＿＿＿＿＿＿。

14. 能在＿＿＿＿＿或＿＿＿＿＿控制同一台电动机的控制方式称为电动机的多地控制，其线路上各地的启动按钮要＿＿＿＿＿，停止按钮要＿＿＿＿＿。

15. 机床用交流接触器的主要任务是在＿＿＿＿＿＿＿＿＿＿情况下能自动接通或断开主电路。

16. 电气设备的金属外壳通常采用保护接地或＿＿＿＿＿＿安全措施。

二、判断题（正确的打“√”，错误的打“×”）

1．负荷较大时，刀开关本体可用铜丝代替熔丝。（ ）

2．组合开关不可用于频繁接通和分断的低压电路中。（ ）

3．空气断路器能自动复位。（ ）

4．刀开关也称为负荷开关。（ ）

5．低压断路器是控制电器。（ ）

6．低压断路器各脱扣器的整定值一经调好，不允许随意变动，以免影响其动作。（ ）

7．熔体的熔断时间与流过熔体的电流大小成反比。（ ）

8．除照明电路外，熔断器一般不宜用于过载保护，主要用于短路保护。（ ）

9．所谓接触器触点的常开和常闭是指电磁系统通电动作后的触点状态。（ ）

10．接触器的电磁线圈通电时，常开触点先闭合，常闭触点后断开。（ ）

11．热继电器的触点系统一般包括一个常开触点和一个常闭触点。（ ）

12．按下复合按钮时，复合按钮的常开触点并没有和常闭触点同时动作。（ ）

13．启动按钮优先选用白色按钮。（ ）

14．常闭按钮可作为停止按钮使用。（ ）

15．所谓点动控制是指按一下按钮就可以使电动机启动并连续运转的控制方式。（ ）

16．熔断器主要由熔体和安装熔体的熔管（或熔座）两部分组成。（ ）

17．刀开关可以垂直安装，也可以横装。（ ）

18．在机床电气控制线路中，电压一般采用220 V或380 V。（ ）

19．为实现电动机连续正转运行，需采用具有接触器自锁的控制线路。（ ）

三、选择题（将正确答案的代号填在括号内）

1．按下复合按钮时（ ）。

A．常开触点先闭合　　B．常闭触点先断开

C．常开触点、常闭触点同时动作

2．熔断器的额定电流应（ ）所装熔体的额定电流。

A．大于　　B．大于或等于　　C．小于

3．按钮帽的颜色和符号标志用来（ ）。

A．提醒人们注意安全　　B．引起警惕

C．区分功能

4．热继电器主要用于电动机的（ ）保护。

A．短路　　B．过载　　C．欠压

5．在使用热继电器时，其热元件应与电动机的定子绕组（ ）。

A．串联　　B．并联

C．可并联也可串联

6．接触器的自锁触点是一对（ ）。

A．常开辅助触点　　B．常闭辅助触点

C．主触点

7. 接触器的辅助触点一般由两对常开触点和两对常闭触点组成，用以通断（　　）。

A. 电流较小的控制电路　　B. 电流较大的主电路

C. 控制电路和主电路

8. 在电气线路或设备出现短路故障时，熔断器应（　　）。

A. 不熔断　　B. 立即熔断　　C. 延时熔断

9. 在具有过载保护的接触器自锁控制线路中，实现短路保护的电器是（　　）。

A. 熔断器　　B. 热继电器　　C. 接触器

10. 在具有过载保护的接触器自锁控制线路中，实现欠压和失压保护的电器是（　　）。

A. 熔断器　　B. 热继电器　　C. 接触器

11. 在图 1—2 所示控制电路中，能正常启动和停止的是（　　）。

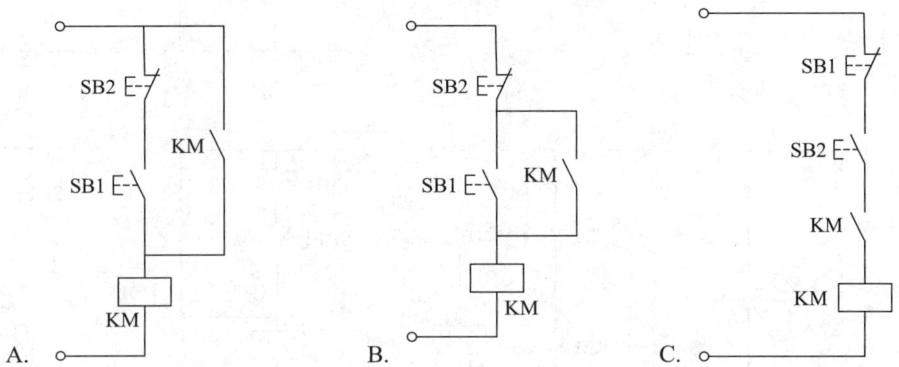

图 1—2

12. 在连续与点动混合正转控制线路中，点动控制按钮的常闭触点与接触器自锁触点（　　）。

A. 串接　　B. 并接　　C. 串接或并接

四、简答题

1. 写出以下电气元件的图形符号与文字代号。

熔断器　　组合开关　　断路器

交流接触器的主触点　　复合按钮　　交流接触器的线圈

交流接触器的常开触点　　常开按钮　　交流接触器的常闭触点

常闭按钮

2. 什么叫点动控制？试分析判断图 1—3 所示控制电路能否实现点动控制，若不能，电路将会出现什么现象？

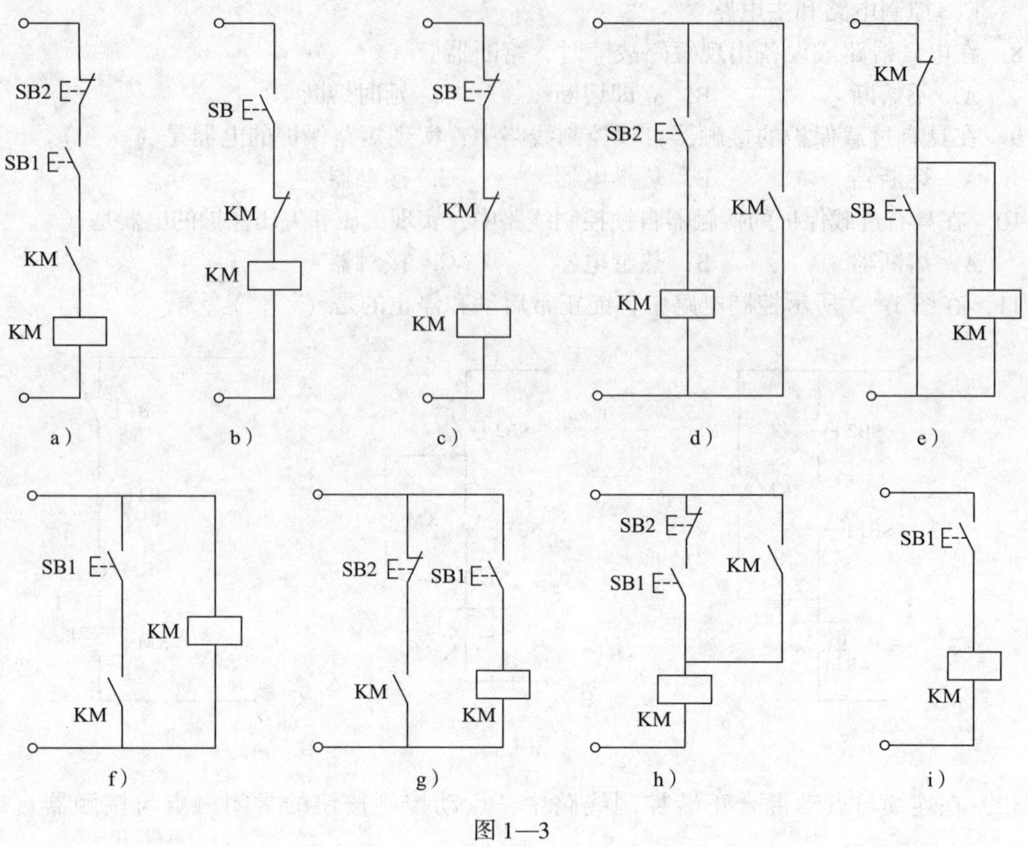

图 1—3

3．什么叫自锁控制？试分析判断图 1—4 所示控制电路能否实现自锁控制，若不能，会出现什么现象？

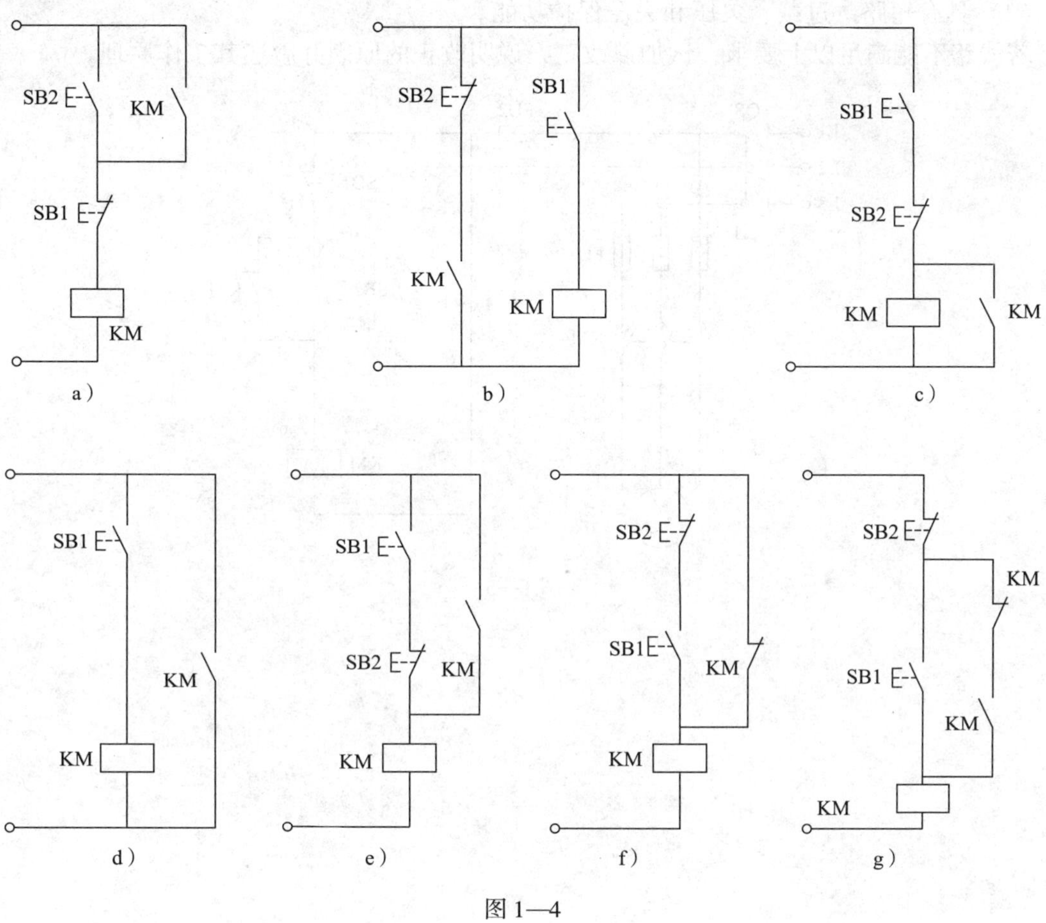

图 1—4

4. 试分析图 1—5 所示控制线路能否满足以下控制要求和保护要求。

(1) 实现单向启动和停止。

(2) 具有短路、过载、欠压和失压保护功能。

若线路不能满足以上要求，试加以改正，说明改正的原因并叙述其工作原理。

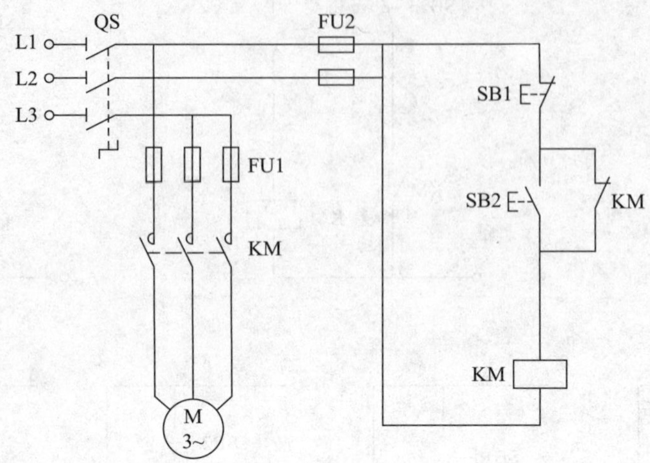

图 1—5

§1—3 电动机双向运行控制

一、填空题（将正确答案填写在横线上）

1. 生产机械运动工件在正、反两个方向运动时，一般要求电动机能实现________控制。

2. 要使三相异步电动机反转，就必须改变通入电动机定子绕组的________，即只要把接入电动机三相电源进线中的任意________相对调即可。

3. 按钮联锁正反转控制线路的优点是________，缺点是容易产生电源________故障。

4. 双重联锁是指________联锁和________联锁。

5. 当一个接触器通电动作时，其________辅助触点断开使________接触器不能通电动作，接触器间这种相互________的作用，称为“接触器联锁（或互锁）”。实现联锁作用的辅助触点称为________触点。

6. 行程开关与按钮的区别在于：行程开关不是靠________，而是利用________________________使触点动作，从而将________信号转变为________信号，用以控制机械动作或作为行程控制。

7. 工厂车间里的行车常采用________控制线路，行车运行线路的两头终点处各安装一个________，其________分别串接在正反转控制电路中。移动位置开关的安装位置可调节行车的________和________。

8. 按钮、接触器双重联锁是利用________按钮的________触点和接触器的________进行联锁的。

9. 在生产过程中，若要限制生产机械运动部件的行程、位置或使其运动部件在一定的范围内自动往返循环时，应在需要的位置安装____________。

二、判断题（正确的打“√”，错误的打“×”）

1. 在接触器联锁控制线路中，控制正反转的两个接触器有时可以同时闭合。（　　）

2. 为了保证三相异步电动机实现正反转控制，正反转控制接触器的主触点必须按相同的相序并接后串接在主电路中。（　　）

3. 接触器联锁正反转控制线路的优点是工作安全可靠，操作方便。（　　）

4. 按钮联锁正反转控制线路的优点是工作安全可靠，操作方便。（　　）

5. 按钮、接触器双重联锁正反转控制线路的优点是工作安全可靠，操作方便。（　　）

6. 所谓联锁是指将接触器自身的常闭触点串联在自己的线圈支路中，使线圈断电的功能。（　　）

7. 根据图1—6判断下列各题的正误。

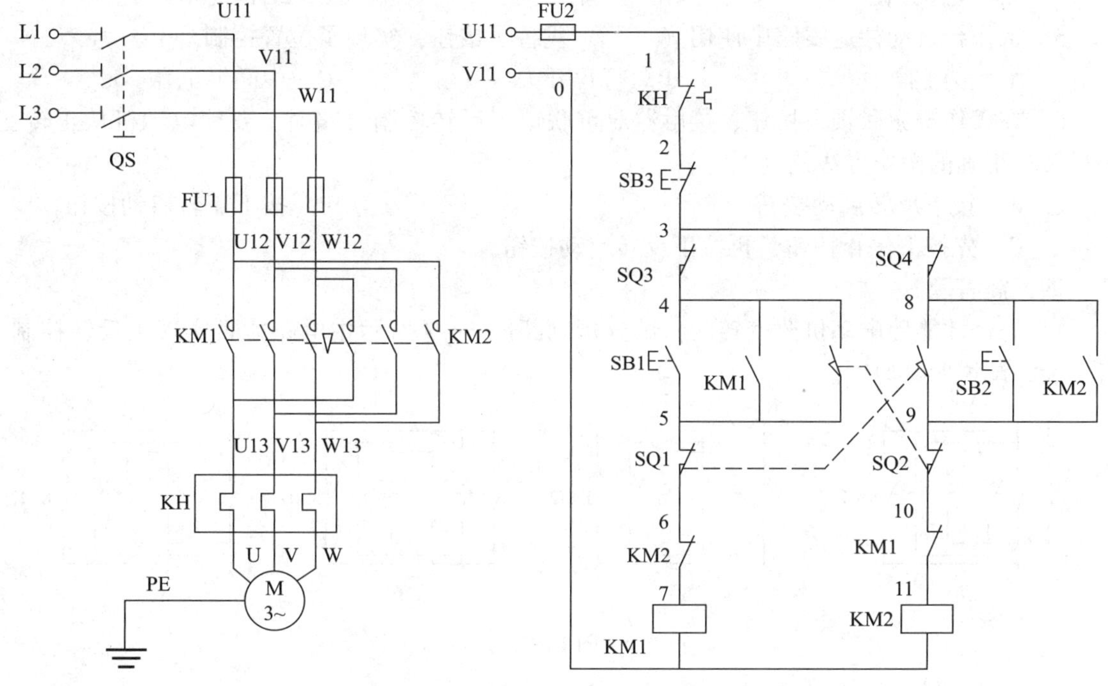

图1—6

（1）该控制线路是具有双重联锁的正反转控制线路。（　　）

（2）若同时按下 SB1、SB2，电路会出现短路现象。（　　）

（3）接触器 KM2 通电，电动机 M 反转工作时，若轻轻按一下 SB1，电动机 M 将停转。（　　）

（4）实现电动机自动反转的电器是 SQ1、SQ2。（　　）

（5）电器 SQ3、SQ4 主要用来作为终端限位保护。（　　）

（6）该控制线路能实现正反转，按钮 SB1、SB2 是多余的。（　　）

三、选择题（将正确答案的代号填在括号内）

1. 在接触器联锁正反转控制线路中，要使电动机从正转变为反转，正确的操作方法是（　　）。

A. 直接按下反转启动按钮

B. 直接按下正转启动按钮

C. 先按下停止按钮，再按下反转启动按钮

2. 在接触器联锁正反转控制线路中，为避免两相电源短路事故，必须在正反转控制电路中分别串接（　　）。

A. 联锁触点　　B. 自锁触点　　C. 主触点

3. 为避免正反转控制接触器同时通电动作，接触器联锁正反转控制线路采取了（　　）。

A. 自锁控制　　B. 联锁控制　　C. 位置控制

4. 按钮联锁和接触器联锁最大的优点是（　　）。

A. 操作方便　　B. 更加安全　　C. 结构简单

5. 工作台自动往返线路中使用（　　）代替了按钮，实现了位置控制。

A. 接触器　　B. 行程开关　　C. 中间继电器

6. 在操作按钮联锁或按钮、接触器双重联锁正反转控制线路时，要使电动机从正转变为反转，正确的操作方法是（　　）。

A. 按下反转启动按钮　　B. 按下正转启动按钮

C. 先按下停止按钮，再按下反转启动按钮

四、简答题

1. 怎样才能使电动机改变转向？试分析判断图 1—7 所示主电路能否实现正反转控制。若不能，试说明其原因。

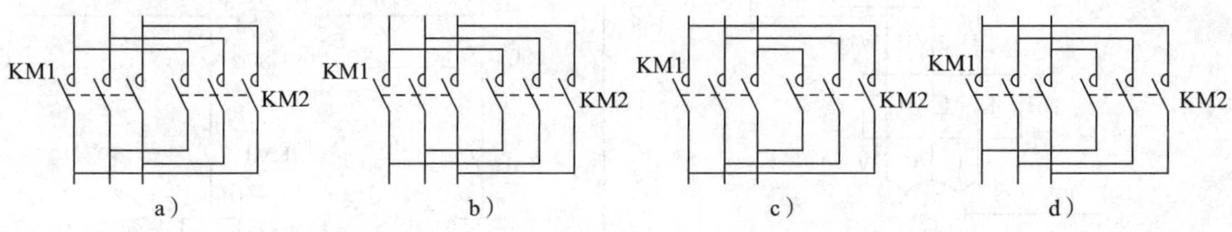

图 1—7

2. 简述接触器联锁正反转控制线路、按钮联锁正反转控制线路、按钮与接触器双重联锁正反转控制线路的优缺点，并指出图 1—8 所示控制电路中哪些元件起联锁作用。

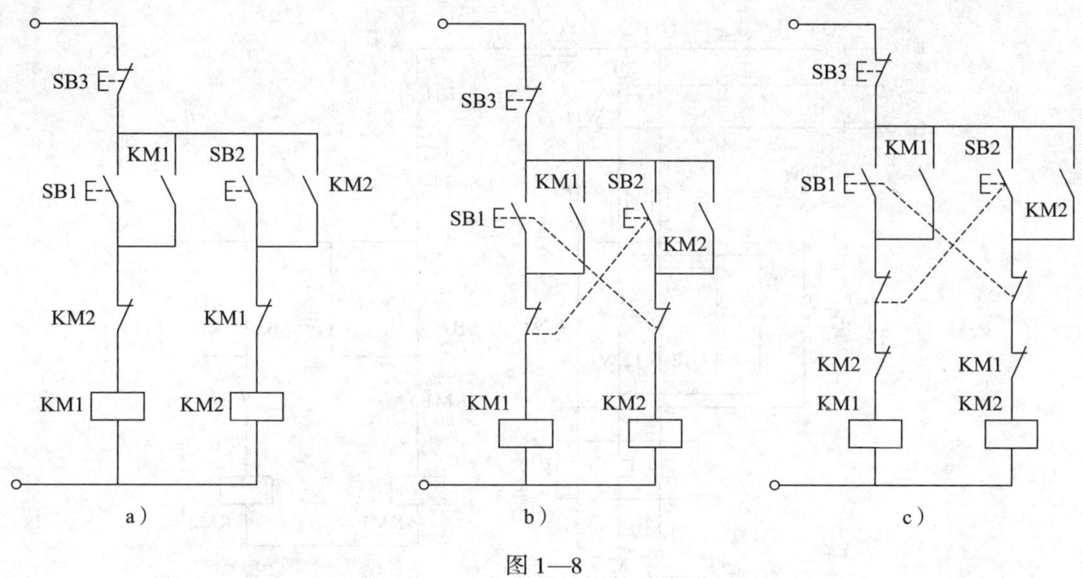

图 1—8

3. 图 1—9 所示为接触器联锁正反转控制线路，其中哪些地方画错了？试改正后叙述其工作原理。

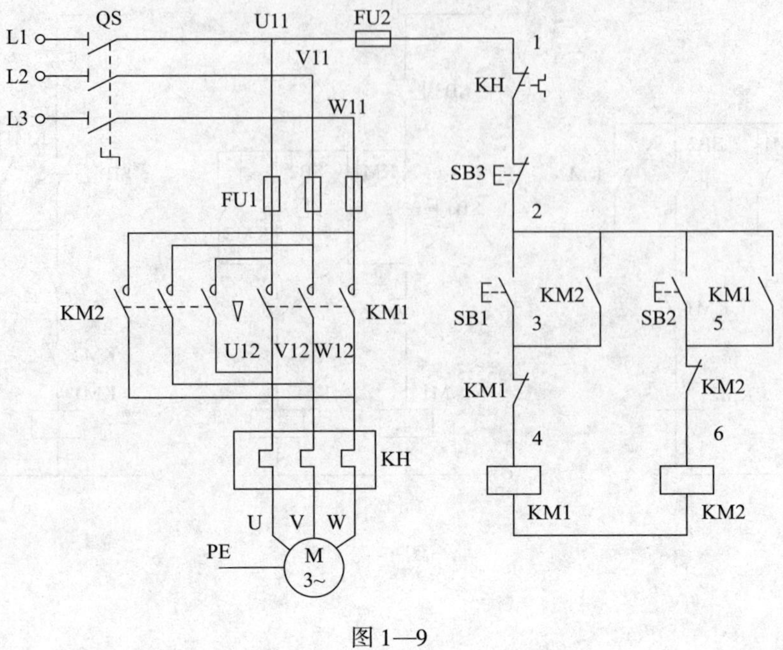

图 1—9

4．在图 1—10 中，要求按下启动按钮后能依次完成下列动作。

（1）运动部件 A 从 1 到 2；

（2）接着运动部件 B 从 3 到 4；

（3）然后运动部件 A 从 2 回到 1；

（4）最后运动部件 B 从 4 回到 3。

试画出控制电路图（提示：用四个位置开关装在原位和终点上）。

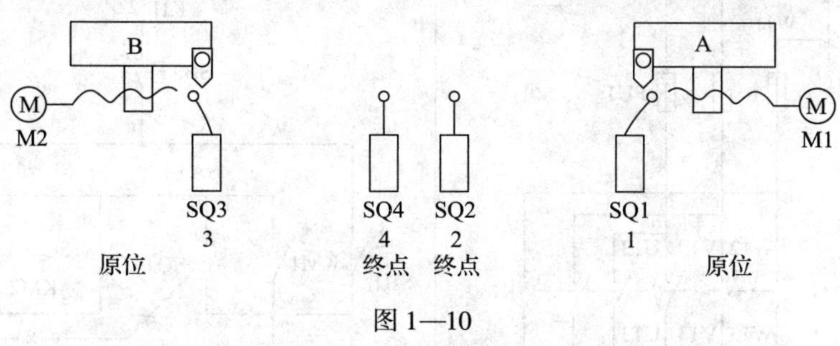

图 1—10

5. 分析图 1—11 所示控制线路，回答下列问题。

（1）该线路能实现几种控制方式？

（2）线路中有什么保护？各由什么电器提供？

（3）说明 SA、SQ1 的作用。

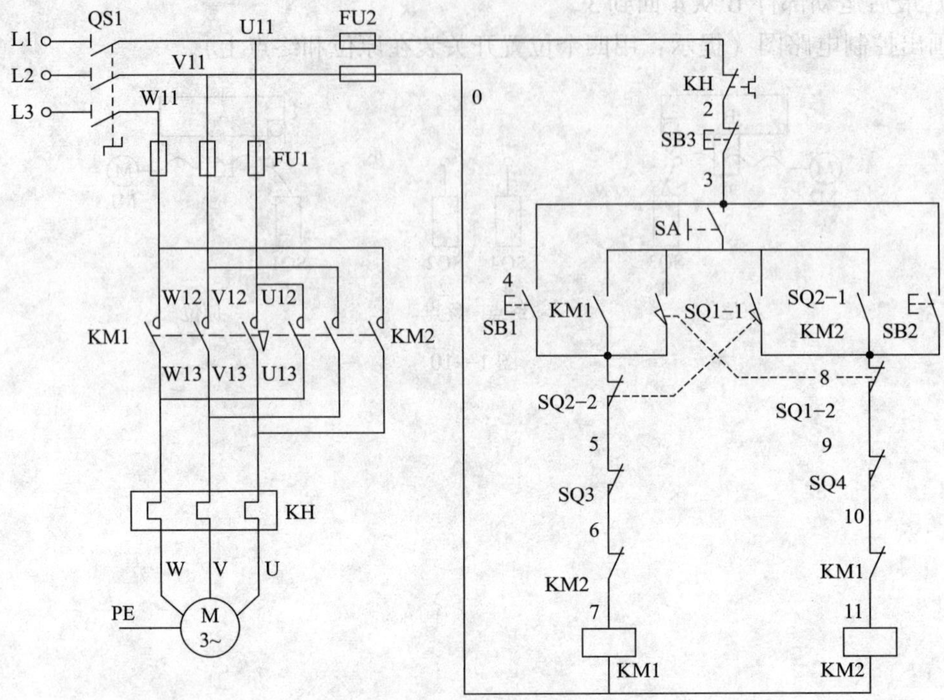

图 1—11

§1—4　电动机降压启动控制

一、填空题（将正确答案填写在横线上）

1. 电动机启动时电流________，会使电网电压________，影响同一供电网络中其他设备的正常工作，所以要采取适当的启动方法来________启动电流。可以通过减小________或加大__________的方法实现。

2. 通常规定电源容量在__________kV·A 以上，电动机容量在__________kW 以下的三相异步电动机可直接启动。

3. 常用的降压启动方法有______________、______________、______________。

4. Y－△降压启动是指电动机启动时，把定子绕组接成__________，以降低启动电压，限制启动电流；待电动机启动后，再把定子绕组改接成__________，使电动机全压运行。这种启动方法只适用于正常运行时定子绕组作__________连接的三相异步电动机。

5. 异步电动机作Y－△降压启动时，每相定子绕组上的启动电压是正常工作电压的__________倍；启动电流是正常工作电流的__________倍；启动转矩是正常工作转矩的________倍。

6. 常用的时间继电器主要有__________、__________、__________、__________。

7. 根据触点延时的特点不同，JS7－A 系列空气阻尼式时间继电器可分为____________和__________两种。

8. 通电延时型时间继电器延时触点的动作情况是线圈通电时触点__________动作，断电时触点__________动作。

9. 定子绕组串接电阻降压启动是指在电动机启动时，把电阻串接在电动机的__________与__________之间，通过电阻的__________作用来降低定子绕组上的__________；待电动机启动后，再将电阻__________，使电动机在__________下正常运行。

10. 软启动器是一种集电动机________、________、________和________功能于一体的新型电动机控制装置。

11. 软启动器根据控制原理不同可分为__________________、__________________；根据电压高低可分为__________、______________；根据介质不同可分为______________、______________。

12. 软启动器常见的启动方式有______________________、__________、__________、____________________、______________。

二、判断题（正确的打"√"，错误的打"×"）

1. 由于直接启动所用设备少，线路简单，维修量较小，故电动机一般都采用直接启动方式。　（　　）

2. 空气阻尼式时间继电器的结构简单、使用寿命长、价格低、延时范围较大，在要求延时精度高的场合得到了广泛的应用。　（　　）

3. 凡是在正常运行时定子绕组作三角形连接的异步电动机，均可采用Y－△降压启动方式。　（　　）

4．在安装定子绕组串电阻降压启动控制线路时，电阻器产生的热量对其他电器无任何影响，当安装在箱体内或箱体外时，不需要采用任何防护措施。（　　）

5．时间继电器的安装位置应保证其断电时动铁芯释放的运动方向为垂直向下。（　　）

6．软启动器通过加到电动机上的平均电压来控制电动机的启动电流和转矩。（　　）

7．在电动机需要停机时，软启动器会立即切断电源。（　　）

8．电流互感器在使用过程中不允许短路，二次绕组的一端必须接地。（　　）

9．在图1—12所示线路中，当按下SB3时，电动机将按三角形接法直接启动。（　　）

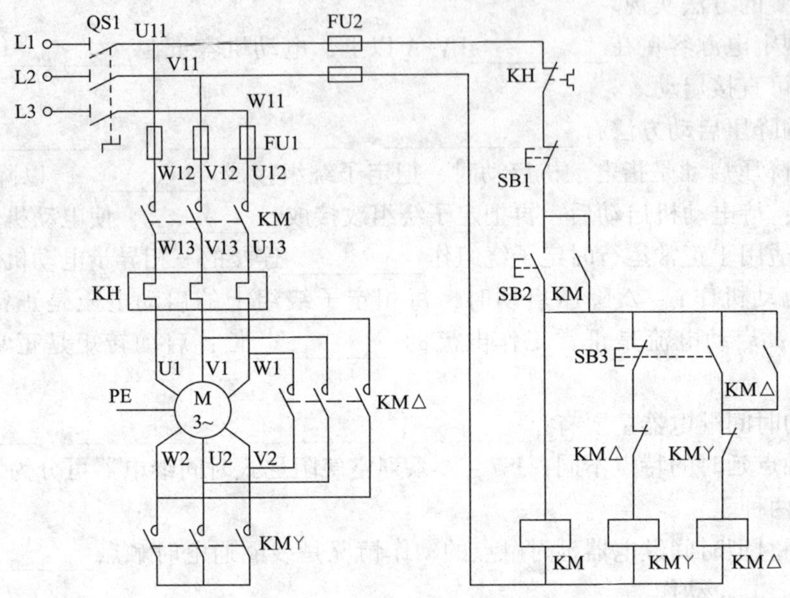

图1—12

三、选择题（将正确答案的代号填在括号内）

1．电动机直接启动时的启动电流较大，一般为额定电流的（　　）倍。

A．1～3　　B．2～4　　C．4～7

2．旋出固定JS7－A系列断电延时型时间继电器电磁机构的螺钉后反转（　　）安装，即可得到通电延时型时间继电器。

A．360°　　B．180°　　C．90°

3．空气阻尼式时间继电器调节延时的方法是（　　）。

A．调节释放弹簧的松紧

B．调节铁芯与衔铁间的气隙长度

C．调节进气孔的大小

4．丫－△降压启动可使启动电流减小到直接启动时的（　　）。

A．1/2　　B．1/3　　C．1/4

5．在图1—13所示线路中，电动机作星形连接时，处于接通状态的线圈是（　　）。

A．KM1、KT、KM丫　　B．KM1、KT　　C．KM1、KM丫

6．在图1—13所示线路中，若KM丫线圈断电，按下SB2后，电动机处于（　　）状态。

A．停转　　B．直接接成三角形启动运转

C. 开始不转，之后接成三角形启动运转

7. 在图 1—13 所示线路中，按下 SB2 后，电动机一直作星形连接运转的原因是（　　）。

A. KM△线圈断电　　B. KT 线圈断电　　C. KM Y线圈断电

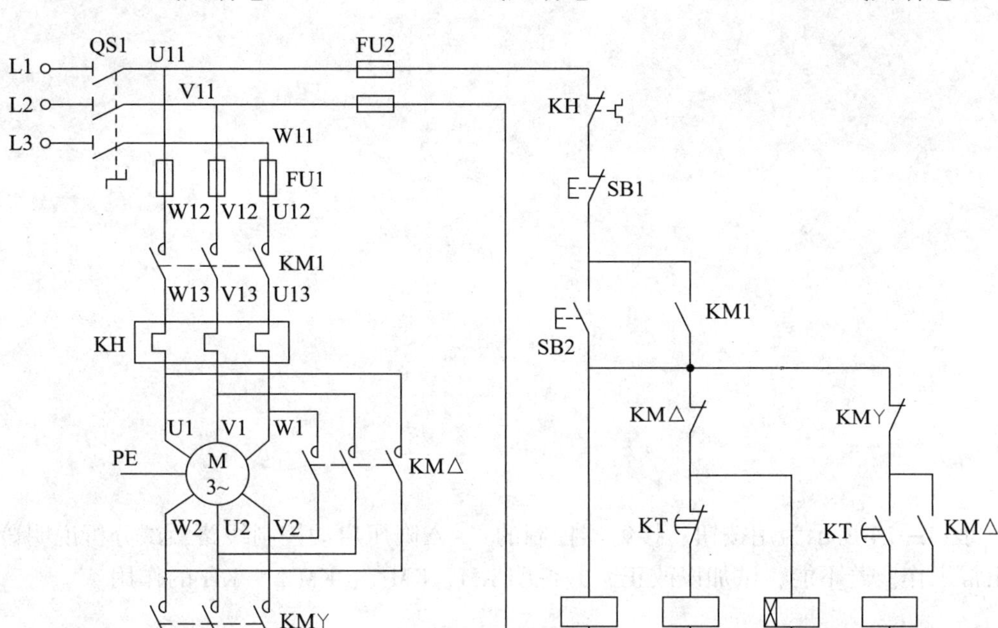

图 1—13

四、简答题

1. 写出以下图形符号所表示的时间继电器元件名称。

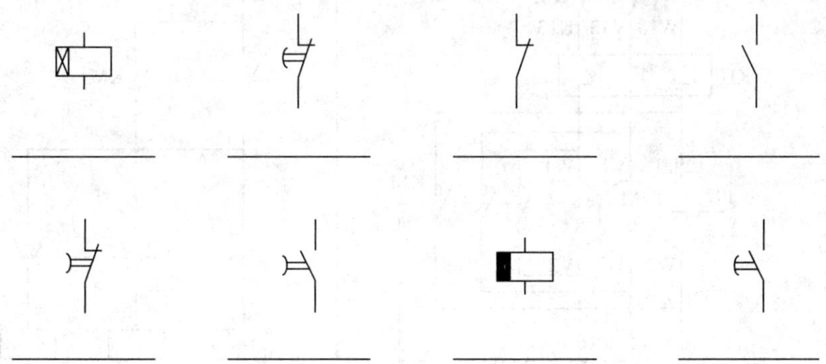

2. 什么叫降压启动？常见的降压启动方法适用于什么场合？

3. 三相异步电动机的定子绕组在作三角形连接时有两种接法，请画图表示这两种接法。

4. 图 1—14 所示为用按钮、接触器控制的Y－△降压启动控制线路，试分析说明该线路能否正常工作。若不能，试加以改正，并说明 KM、KMY、KM△、KH 的作用。

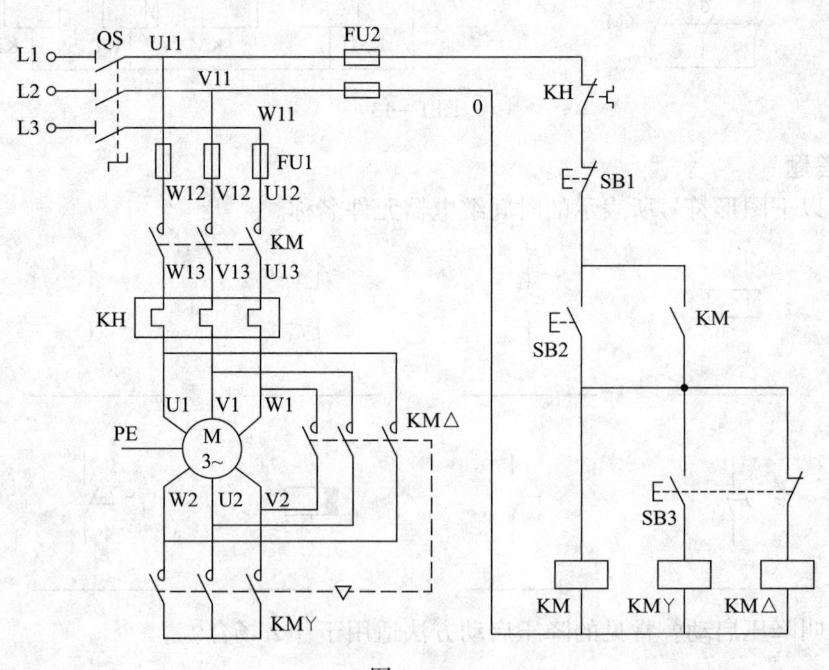

图 1—14

§1—5　电动机调速控制

一、填空题（将正确答案填写在横线上）

1．三相异步电动机的调速方法有三种，一是____________调速，二是____________调速，三是____________调速。

2．改变三相异步电动机的____________调速称为变极调速。变极调速是通过改变____________来实现的。

3．变极调速属于__________调速，并且只适用于____________异步电动机。

4．双速异步电动机定子绕组共有__________个出线端，可作__________和__________两种连接方式，电动机低速时定子绕组接成__________，高速时接成__________。

5．双速异步电动机定子绕组采用三角形接法时，磁极为____________极，同步转速为____________r/min；采用YY接法时，磁极为__________极，同步转速为__________r/min。

6．双速异步电动机定子绕组从一种接法改变为另一种接法时，必须____________，以保证电动机在两种转速下旋转方向不变。

7．在实际生产中，一些生产机械是不允许进行________启动的，而需要在__________启动后才能进入高速运转状态。

二、判断题（正确的打“√”，错误的打“×”）

1．选择调速形式的基本依据是调速的范围、调速的平滑性与经济性三个方面。（　　）

2．调速的平滑性越高，则在转速范围内得到的稳定运行的级数越低。（　　）

3．由于电动机定子绕组的极数只能成对改变，所以变极调速也称有级调速。（　　）

4．若均匀调节电动机的频率，即可平滑地改变电动机的转速。（　　）

5．双速异步电动机改变转速时，如果接到电动机的电源相序保持不变，则高速与低速时电动机的旋转方向将不会发生改变。（　　）

三、选择题（将正确答案的代号填在括号内）

1．双速异步电动机高速运转时，定子绕组出线端的连接方式应为（　　）。

A．U1、V1、W1 接三相电源，U2、V2、W2 空着不接

B．U2、V2、W2 接三相电源，U1、V1、W1 空着不接

C．U2、V2、W2 接三相电源，U1、V1、W1 并接在一起

2．双速异步电动机高速运转时的转速是低速运转时转速的（　　）倍。

A．一　　B．二　　C．三

3．在图 1—15 所示电路中，要使电动机启动并低速运转，应按下（　　）。

A．SB1　　B．SB2　　C．SB3

4．在图 1—15 所示电路中，要使电动机启动并高速运转，应按下（　　）。

A．SB1　　B．SB2　　C．SB3

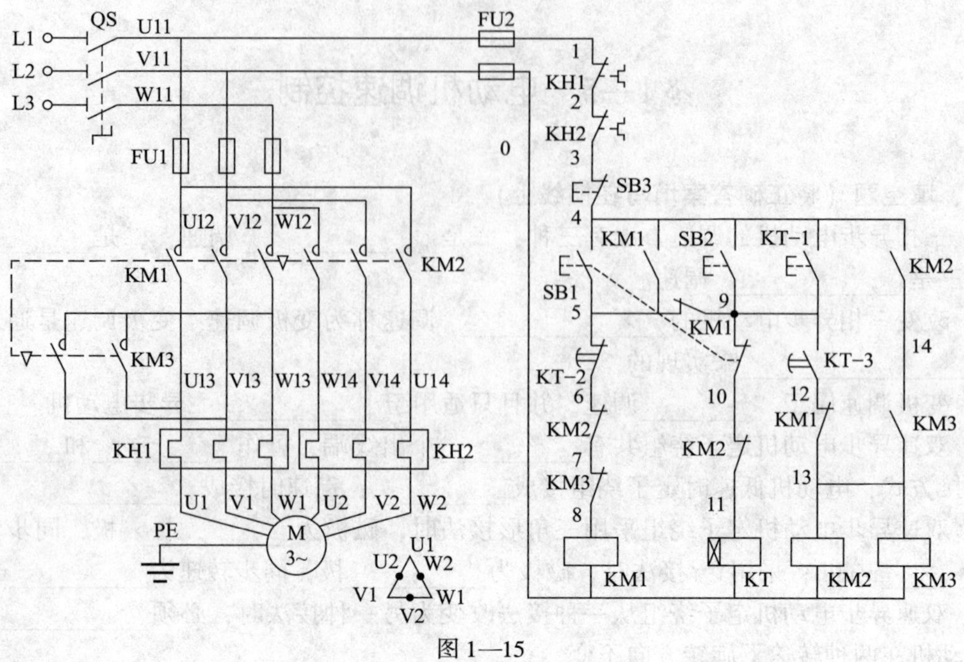

图 1—15

四、简答题

1．试简述图 1—16 所示双速异步电动机自动控制高低速线路的工作原理。

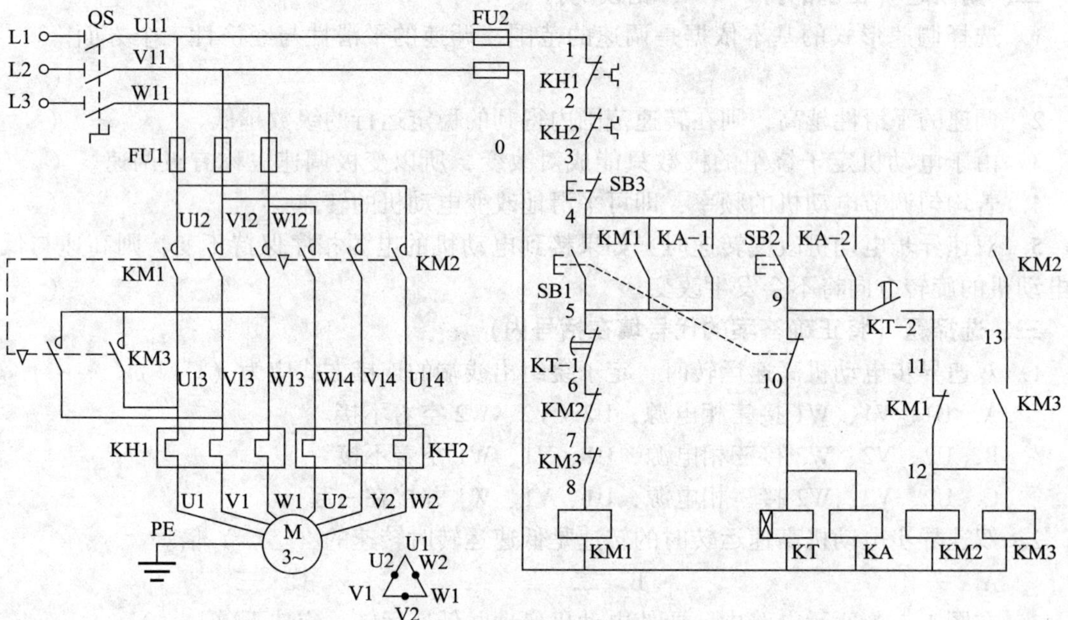

图 1—16

2. 有一台双速异步电动机，试按下述要求设计控制线路。

（1）用两个按钮操作电动机的低速启动与高速启动，用一个总停止按钮操作电动机的停止。

（2）启动高速时，电动机应先接成低速，经延时后再换接到高速。

（3）应有短路保护和过载保护。

§1—6 电动机制动控制

一、填空题（将正确答案填写在横线上）

1. 所谓制动，就是给电动机施加一个与转动方向__________的转矩，使其迅速停转。制动的方法一般有__________和__________两种。

2. 当电动机处于电动状态时，其电磁转矩的方向与转子旋转方向________；当电动机处于制动状态时，其电磁转矩的方向与转子旋转方向________。

3. 利用__________使电动机断开电源后迅速停转的方法称为机械制动。机械制动常用的方法有＿＿＿＿＿＿＿＿＿制动和＿＿＿＿＿制动。

4. 使电动机在切断电源停转的过程中产生一个和电动机实际旋转方向相反的＿＿＿＿＿＿＿＿＿，迫使电动机迅速制动停转的方法称为电气制动。电气制动常用的方法有＿＿＿＿＿＿＿＿和＿＿＿＿＿两种。

5. 当电动机切断交流电源后，立即在其任意两相定子绕组中通入＿＿＿＿＿，迫使电动机迅速停转的方法称为能耗制动。

6. 在电动机断开电源停止运行时，若迅速将三相电源线＿＿＿＿＿＿＿＿，就会使得＿＿＿＿反向，＿＿＿＿也随之改变，但转子由于＿＿＿＿仍按原方向转动，所以电动机因＿＿＿＿与＿＿＿＿相反而处于制动状态，这种制动称为反接制动。

7. 速度继电器是一种可以按照被控电动机转速的高低＿＿＿＿或＿＿＿＿控制电路的电器，其主要作用是与接触器配合使用，实现对电动机的＿＿＿＿，故又称为＿＿＿＿继电器。

8. JY1 型速度继电器主要由＿＿＿＿＿、＿＿＿＿＿和＿＿＿＿＿三部分组成。

9. 速度继电器的动作转速一般不低于＿＿＿＿r/min，复位转速在＿＿＿＿＿r/min 以下。

10. 电动机反接制动时，旋转磁场与转子的相对转速为＿＿＿＿，致使定子绕组中的电流一般约为电动机额定电流的＿＿＿＿＿倍。因此，这种制动方法适用于＿＿＿＿kW 以下小容量电动机的制动，并且对＿＿＿＿kW 以上的电动机进行反接制动时，需在定子绕组回路中串入＿＿＿＿＿＿，以限制反接制动电流。

11. 若要使反接制动电流等于电动机直接启动时的启动电流的一半（$0.5I_{ST}$），则三相电路每相应串入的电阻值可取为＿＿＿＿＿＿＿＿＿；若使反接制动电流等于启动电流 I_{ST}，则每相串入的电阻值可取为＿＿＿＿＿＿＿＿＿；若只在电源两相中串接电阻，则电阻值应＿＿＿＿＿，分别取上述电阻值的＿＿＿＿＿倍。

二、判断题（正确的打“√”，错误的打“×”）

1. 电磁抱闸制动器分为断电制动型和通电制动型两种。（ ）

2. 在能耗制动中常利用时间继电器在制动结束时自动切断电源，以防止电动机反向启动运转。（ ）

3. 三相异步电动机进行能耗制动时，通入定子绕组中的直流电流越大，产生的制动力矩也越大，所以通入的直流电流越大越好。（ ）

4. 速度继电器的主要作用是对电动机的运行速度进行限制。（ ）

5. 当电动机处于制动状态时，其电磁转矩的方向与转子旋转方向相同。（ ）

6. 能耗制动是通过在定子绕组中通入直流电以消耗转子惯性运转的动能来进行制动的，所以又称动能制动。（ ）

7. 对于制动要求平稳、准确的生产机械，应选用能耗制动。（ ）

8. 单相桥式整流能耗制动自动控制线路常用于 10 kW 以上电动机的制动。（ ）

9. 三相异步电动机能耗制动时，转子绕组切割旋转磁场的磁感线。（ ）

10. 反接制动时，只需将电动机定子绕组的三相电源对调即可实现制动。（ ）

11. 反接制动时，制动电流很大，主要原因是制动时加入了三相电源。（ ）

12. 反接制动时，常利用速度继电器来自动切断电源，而不用时间继电器控制，主要是考虑时间继电器延时不准确，不能使电动机迅速制动。（ ）

13. 能耗制动时，常利用时间继电器来自动切断电源，而不用速度继电器控制，主要是

考虑速度继电器的价格和安装工艺要求。 （ ）

14．由于反接制动的制动力矩大，制动迅速，故常用于启动与制动频繁的场合。

（ ）

15．速度继电器安装接线时，正反向触点不能接错，否则不能实现反接制动控制。

（ ）

三、选择题（将正确答案的代号填在括号内）

1．桥式起重机的主钩在满载快速下降时，电动机对负载是在起（ ）作用。

A．驱动负载 B．制动 C．降压启动

2．速度继电器的主要作用是实现对电动机的（ ）。

A．运行速度限制 B．速度计量 C．反接制动控制

3．电动机反接制动电流比直接启动电流大，其原因是旋转磁场以（ ）的速度切割转子导体，故感应电动势大。

A．n B．n_1 C．(n_1+n)

4．在三相笼型异步电动机的反接制动控制电路中，为了避免电动机反转，需要用到（ ）。

A．制动电阻 B．中间继电器 C．速度继电器

5．异步电动机的反接制动是通过改变（ ）使得旋转磁场反向，转矩方向也随之改变而使电动机处于制动状态的。

A．电源电压 B．电源相序 C．电源电流

6．三相异步电动机的能耗制动是利用消耗（ ）来制动的。

A．转子惯性动能 B．外加力矩 C．输入电源

7．对于制动要求平稳、准确的生产机械，应选用（ ）。

A．反接制动 B．能耗制动 C．再生发电制动

四、简答题

1．简述能耗制动和反接制动的优缺点及适用场合。

2. 图 1—17 所示为单相桥式整流能耗制动自动控制线路，请检查电路中哪些地方画错了，并加以改正，按改正后的电路图叙述其工作原理。

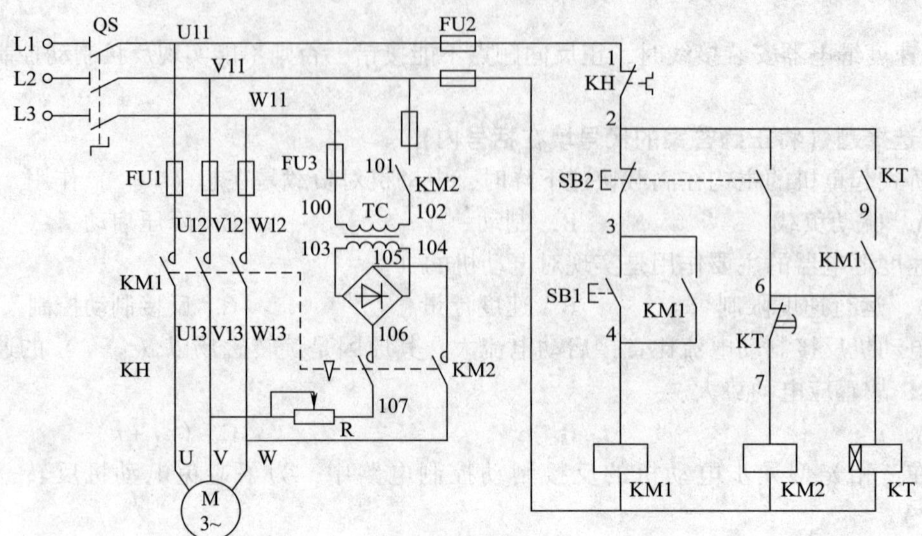

图 1—17

3．什么是速度继电器？其主要作用是什么？

4．反接制动能否用时间继电器来自动切断电源？能耗制动能否用速度继电器来自动切断电源？为什么？

5．试分析图 1—18 所示两单向启动反接制动控制线路在控制电路上有什么不同，并叙述控制电路的工作原理。

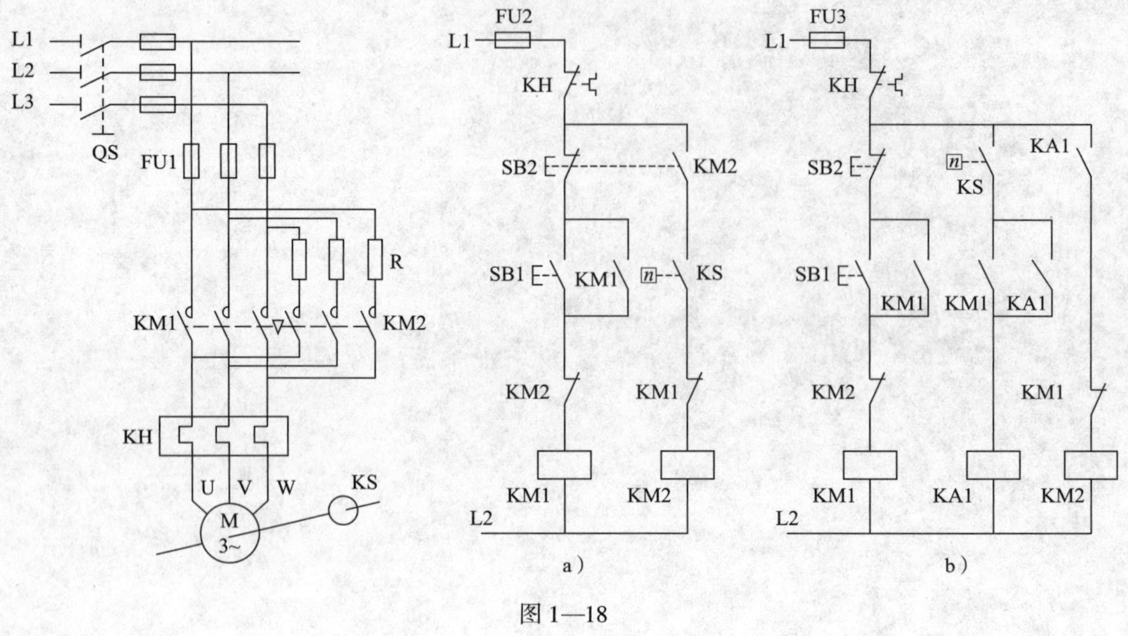

图 1—18

§1—7　其他低压电器

一、填空题（将正确答案填写在横线上）

1. 中间继电器是用来增加控制电路中的__________或将信号__________的继电器，其输入信号是__________，输出信号是__________。

2. 中间继电器一般依据____________、____________和__________来选择。

3. 与交流接触器相比，中间继电器的触点对数__________，且没有__________之分，各对触点允许通过的电流大小相同，多数为__________A。

4. 电流继电器是反映输入量为________的继电器，在使用过程中，电流继电器的线圈与被测电路________，用来检测电路的________，其线圈匝数__________，导线__________，线圈阻抗__________。电流继电器有______________和______________之分。

5. 电压继电器是反映输入量为__________的继电器，在使用过程中，电压继电器的线圈________在被测电路中，用来检测电路的________。其线圈匝数________，导线________，线圈阻抗__________，电压继电器有__________、__________和__________之分。

6. 电磁阀按照原理不同可分为____________、____________和____________三类。

7. 电磁阀是对流体的__________方向进行自动化控制的基础元件，属于执行电器，通常用于机械控制和工业阀门，对介质方向进行控制，从而达到对__________的控制。

8. 直动式电磁阀由__________直接驱动__________运动来改变流道通断或换向。

9. 压力继电器是一种将__________信号转换成________信号的液－电转换元件。压力继电器常用的有____________、____________、____________和__________四类。

二、判断题（正确的打"√"，错误的打"×"）

1. 对于工作电流小于 5 A 的电气控制电路，可用中间继电器代替交流接触器来进行控制。（　　）

2. 中间继电器的触点上面需要装设灭弧装置。（　　）

3. 过电流继电器在电流超过某一整定值时不动作，在电路正常工作时才动作。（　　）

4. 当通过继电器的电流减小到低于其整定值时动作的继电器称为欠电流继电器。（　　）

5. 欠电压继电器和零电压继电器在电压降至低于整定值时，衔铁吸合带动触点动作。（　　）

6. 直动式电磁阀利用电磁力直接推动阀芯换向。（　　）

7. 直动式双电控二位五通电磁阀具有阀芯位置记忆功能。（　　）

8. 中间继电器的触点没有主、辅触点之分，所以在线路中可以接主电路，也可以接入控制电路。（　　）

三、选择题（将正确答案的代号填在括号内）

1. 欠电流继电器的动作电流一般为线圈额定电流的（　　）。

A. 0.7～0.8　　B. 0.1～0.2　　C. 0.3～0.65

2. 零电压继电器是（　　）的一种特殊形式。

A. 欠电压继电器　　B. 过电压继电器　　C. 过电流继电器

3. 过电流继电器的整定范围通常为（　　）倍的额定电流。

A. 1.1~4　　B. 0.9~1.2　　C. 0.3~0.65

4. 常规电磁阀工作在（　　）MPa。

A. 1.0　　B. 1.2　　C. 1.5

5. 直动式电磁阀应保证在电源电压为额定电压的（　　）波动范围内正常工作。

A. 5%~10%　　B. 10%~15%　　C. 15%~20%

四、简答题

1. 写出以下电气元件的图形符号与文字符号。

过电流继电器线圈　　欠电压继电器线圈　　电流继电器常闭触点

电压继电器常开触点　　压力继电器常闭触点

2. 在什么情况下可用中间继电器代替交流接触器的工作？

3. 简述电磁阀的工作原理。

4. 请根据图 1—19 所示单电控电磁阀，叙述其工作过程。

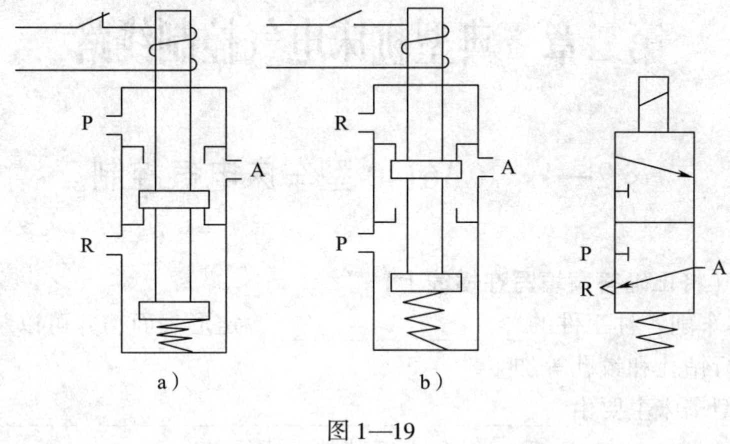

图 1—19

第二章　典型机床电气控制线路

§2—1　CA6140 型车床电气控制

一、填空题（将正确答案填写在横线上）

1. 车床能够车削各种工件的＿＿＿＿＿＿、定形表面，并可以装上＿＿＿＿＿、＿＿＿＿＿等进行钻孔和铰孔等加工。

2. CA6140 型车床主要由＿＿＿＿、＿＿＿＿、＿＿＿＿、＿＿＿＿、＿＿＿＿、＿＿＿＿、＿＿＿＿、＿＿＿＿和＿＿＿＿等部件组成。

3. CA6140 型车床共有＿＿＿＿台电动机，它们分别是＿＿＿＿＿、＿＿＿＿＿和＿＿＿＿＿＿。

4. 在 CA6140 型车床中，M1、M2、M3 分别由＿＿＿＿、＿＿＿＿和＿＿＿＿控制。

5. 热继电器 KH1、KH2 为电动机 M1、M2 提供＿＿＿＿保护；熔断器 FU 为电动机提供短路保护；FU1 为电动机＿＿＿＿＿＿和控制变压器 TC 提供短路保护。

6. 主轴电动机 M1 的启动与停止分别由按钮＿＿＿＿与＿＿＿＿控制，主轴的正反转是由＿＿＿＿＿实现的。

7. 主轴电动机 M1 和冷却泵电动机 M2 在控制电路中采用了＿＿＿＿，即只有＿＿＿＿启动运转后，＿＿＿＿才能启动运转。而当＿＿＿＿停止时，＿＿＿＿应立即停止。

8. 刀架快速移动电动机 M3 采用的是＿＿＿＿＿控制，刀架快速移动方向的改变是由＿＿＿＿＿＿＿＿实现的。

9. 车床的切削运动包括＿＿＿＿＿＿＿和＿＿＿＿＿＿＿＿。

10. 由于主轴电动机 M1 和冷却泵电动机 M2 在控制电路中采用＿＿＿＿控制，故只有当主轴电动机 M1 启动后，KM1 常开辅助触点＿＿＿＿，再合上旋钮开关＿＿＿＿＿，中间继电器 KA1 的线圈通电吸合，其常开触点＿＿＿＿＿，冷却泵电动机 M2 才能启动。M1 停止运行时，M2 自行停止。

11. 刀架快速移动电动机 M3 的启动由按钮＿＿＿＿＿控制，并采用＿＿＿＿＿控制。由进给操作手柄配合机械装置实现刀架＿＿＿＿＿、＿＿＿＿＿、＿＿＿＿＿、＿＿＿＿＿移动方向的改变，若按下按钮＿＿＿＿，可实现刀具快速地接近或退离加工部位。

二、判断题（正确的打"√"，错误的打"×"）

1. CA6140 型车床主轴的正反转是由电动机 M1 的正反转来实现的。（　　）

2. 车床车削螺纹是靠刀架移动和主轴转动（按固定比例）来完成的。（　　）

3. 在操作 CA6140 型车床时，按下 SB2，发现接触器 KM1 通电动作，但主轴电动机 M1 不能启动，则故障原因可能是热继电器 KH1 动作后未复位。（　　）

4. CA6140 型车床的主轴电动机 M1 因过载而停转，热继电器 KH1 的常闭触点是否复位，对电动机 M2 和电动机 M3 的运转无任何影响。（　　）

5. CA6140 型车床中工件的夹紧和放松由电动机 M3 控制。（　）

三、选择题（将正确答案的代号填在括号内）

1. CA6140 型车床主轴电动机 M1 的失压保护由（　）完成。
   A. 接触器自锁环节　B. 低压断路器　C. 热继电器
2. CA6140 型车床的主轴电动机应选用（　）。
   A. 直流电动机　B. 三相笼型异步电动机
   C. 三相绕线转子异步电动机
3. 按下启动按钮后，主轴电动机 M1 启动后不能连续运转，则故障原因可能是（　）。
   A. 接触器 KM1 的自锁触点接触不良
   B. 接触器 KM1 的主触点接触不良
   C. 热继电器 KH1 动作
4. CA6140 型车床的调速是（　）。
   A. 电气无级调速
   B. 齿轮箱进行机械有级调速
   C. 电气与机械配合调速
5. 电路图中接触器线圈符号下左栏中的数字表示接触器（　）所处的图区号。
   A. 主触点　B. 常开辅助触点　C. 常闭辅助触点
6. 电路图中接触器线圈符号下中栏中的数字表示接触器（　）所处的图区号。
   A. 主触点　B. 常开辅助触点　C. 常闭辅助触点
7. 电路图中接触器线圈符号下右中栏中的数字表示接触器（　）所处的图区号。
   A. 主触点　B. 常开辅助触点　C. 常闭辅助触点
8. CA6140 型车床主轴电动机若有一相断开，会发出“嗡嗡”声，使输出转矩下降，可能会（　）。
   A. 烧毁电动机　B. 烧毁控制电路　C. 使电动机加速运转

四、简答题

1. 试分析 CA6140 型车床型号的含义。

C A 6 1 40

2. 若需启动 CA6140 型车床刀架快速移动电动机，需操作哪个按钮？试简述刀架快速移动电动机的控制原理。

3. 在 CA6140 型车床电气控制线路中，为什么未对刀架快速移动电动机 M3 进行过载保护?

4. CA6140 型车床的主要运动形式有哪些?

5. 简述 CA6140 型车床的调试过程。

6．想一想：为什么刀架快速移动电动机和冷却泵电动机的控制电器采用中间继电器，而不是接触器？试分析这两种电器的区别及其应用场合。

§2—2　M7120 型平面磨床电气控制

一、填空题（将正确答案填写在横线上）

1．磨床是以________________对工件进行机械加工的精密机床，它不仅能加工普通的金属材料，而且能加工________或________等高硬度材料。磨床可以加工各种表面，如__________和________________________________以及各种成形表面。

2．M7120 型平面磨床主要由________、________、________、________、________、________等部分组成。

3．M7120 型平面磨床的主运动是砂轮的______________，辅助运动是工作台的______________以及砂轮架的______________。

4．电磁吸盘要用________电流，所以采用整流装置，若桥式整流器中有一个二极管断开，则整流电压将变为____________，使欠电压继电器________，其常开触点断开，从而使各电动机不能启动。

5．电磁吸盘是 M7120 型平面磨床上用来__________加工工件的一种夹具，为保证安全，电磁吸盘与电动机__________、__________、__________之间有__________装置，即电磁吸盘________后，电动机才能启动。

6．M7120 型平面磨床共有________台电动机，它们分别是__________、__________、____________和____________，它们的短路保护均由熔断器__________实现。

7．电动机________、________和________采用过载保护，因为它们是____________，而电动机________是短期工作的，故不设过载保护。

8．若合上电源开关 QS，控制电路通电，________通电吸合，为启动各电动机做好准备。

9．当直流电压过低时，欠电压继电器立即________，使工作中的电动机立即停转，从而避免了由于电压过________使 YH 吸力不足而导致工件飞出造成事故。

10．在 M7120 型平面磨床电磁吸盘控制电路中，KM5 必须________锁，而去磁控制用 KM6 不允许________锁，否则将反向充磁，使工件无法取下。

二、判断题（正确的打“√”，错误的打“×”）

1. M7120 型平面磨床工作台的往复运动是由电动机 M4 正反转来驱动的。（　　）

2. M7120 型平面磨床的液压泵电动机 M3 由接触器 KM2 控制，由熔断器 FU1 作为短路保护。（　　）

3. M7120 型平面磨床主电路中的四台电动机均由热继电器作为过载保护。（　　）

4. M7120 型平面磨床在砂轮要求有较高的转速时，通常采用两极笼型异步电动机驱动。（　　）

5. M7120 型平面磨床中的冷却泵电动机只有在砂轮电动机启动后才能启动。（　　）

6. 电磁吸盘吸力不足可能是电磁吸盘损坏或整流器输出电压不正常造成的。（　　）

7. 电阻 R 与电容 C 的作用是防止电磁吸盘回路交流侧的过电压。（　　）

8. 工件加工结束后，只要使电磁吸盘停止工作即可取下工件。（　　）

三、选择题（将正确答案的代号填在括号内）

1. M7120 型平面磨床的砂轮电动机 M2 和冷却泵电动机 M3 在（　　）上实现顺序控制。

A. 主电路　　B. 控制电路　　C. 电磁吸盘电路

2. M7120 型平面磨床的砂轮电动机 M2 在加工中（　　）。

A. 需调速　　B. 不需调速　　C. 对调速可有可无

3. M7120 型平面磨床在开动砂轮之前（　　）。

A. 工件会自动吸牢

B. 先按 SB8 使工件被吸牢

C. 只要零压继电器吸合即可

4. 由于电磁吸盘是一个大电感，并联阻容元件 RC 的目的在于（　　）。

A. 当电路断开时，吸收磁场能量

B. 回路接通时存储电场能量

C. 改善功率因数

5. 当 M7120 型平面磨床加工完毕后，取下工件前必须去磁，先按下 SB9 切断电磁吸盘电源，然后按下 SB10 进行去磁，若 SB10 按下的时间太长，则会导致（　　）。

A. 退磁不够　　B. 退磁更彻底

C. 工作台反向磁化反而使工件取不下来

6. 电磁吸盘与机械夹紧装置相比，其优点是（　　）。

A. 使用直流电源　　B. 不损伤工件　　C. 能吸牢各种零件

7. 电磁吸盘的控制电路采用（　　）整流器。

A. 单相桥式　　B. 单相半波　　C. 单相全波

四、简答题

1. 试分析 M7120 型平面磨床的型号含义。

M　7　1　20

2．作为一种夹具与机械夹具相比较，电磁吸盘具有哪些优点和缺点？

3．按下 SB10 后，M7120 型平面磨床的电磁吸盘会如何动作？其电气控制过程是怎样的？

4．电磁吸盘电路分为哪三部分？欠电压继电器 KV 的作用是什么？

5．简述 M7120 型平面磨床的调试过程。

6．M7120 型平面磨床的热继电器 KH2 和 KH3 的常闭触点是否可以由串联改为并联？为什么？

7. 在 M7120 型平面磨床的电气控制线路中，是否可以在 SB10 两端并联 KM6 的常开辅助触点？为什么？

§2—3 Z35 型摇臂钻床电气控制

一、填空题（将正确答案填写在横线上）

1. Z35 型摇臂钻床主要由________、________、________、________、________、________、________和________等部分组成。

2. Z35 型摇臂钻床主轴带动钻头的旋转运动是________；钻头的上下运动是________；主轴箱沿摇臂水平移动、摇臂沿外立柱上下移动以及摇臂连同外立柱一起相对于内立柱的回转运动是________。

3. Z35 型摇臂钻床的各种工作状态都是通过________操作的。为防止十字开关手柄停在任何工作位置时因接通电源而产生误动作，其控制线路设有________环节。

4. 为满足攻螺纹工序要求，主轴要求能正反转，但主轴电动机只能________，于是主轴的正反转通过________实现。

5. 电动机 M1 是由________控制的，M2、M3、M4 则分别由接触器________、________和________控制，其中________只需要单向运转，________要求双向运转。

6. 熔断器 FU1、FU2、FU3 分别为电动机________、________和________提供短路保护，热继电器 KH 为电动机________提供过载保护。

7. 十字开关 SA 由________和________组成，操作手柄有________、________、________、________和________五个位置，当手柄扳向左端时，微动开关触点________闭合，________线圈通电并自锁，电动机________运转并带动主轴旋转；当手柄扳向上端时，微动开关触点________闭合，________线圈通电吸合，________运转并带动摇臂上升；当手柄扳向下端时，微动开关触点________闭合，________线圈通电吸合，________运转并带动摇臂下降；当手柄扳向中间位置时，触点全部________，控制电路________。

8. 要使摇臂绕外立柱转动，应首先________外立柱，这时应按下按钮________，接触器________线圈通电吸合，电动机________驱动液压泵正向工作，使立柱夹紧装置放松。

9. 当摇臂绕外立柱转动到所需位置要夹紧时，这时应按下按钮________，接触器________线圈通电吸合，电动机________带动液压泵反向运转，使外立柱夹紧。待完全夹紧后，再松开该按钮，使电动机停转。

二、判断题（正确的打“√”，错误的打“×”）

1. 设置零压保护环节的目的是保护主轴电动机 M2。（　）

2. Z35 型摇臂钻床实现摇臂升降限位保护的电器是位置开关 SQ1 和 SQ2。（　）

3. Z35 型摇臂钻床的摇臂夹紧与放松和立柱的夹紧与放松都是由同一台电动机 M3 驱动液压装置完成的。（　）

4．在使用中，若沿一个方向连续转动摇臂，就容易发生故障。（　　）

5．Z35 型摇臂钻床中立柱的夹紧与松开是全自动控制的。（　　）

6．除了中间位置，十字开关其余四个位置都装有微动开关。（　　）

7．Z35 型摇臂钻床主轴的正反转是依靠摩擦离合器来实现的。（　　）

三、选择题（将正确答案的代号填在括号内）

1．Z35 型摇臂钻床的外立柱可绕着不动的内立柱回转（　　）。

A．90°　　B．180°　　C．360°

2．Z35 型摇臂钻床的摇臂夹紧与放松是由（　　）控制的。

A．机械　　B．电气　　C．机械和电气联合

3．Z35 型摇臂钻床的冷却泵电动机 M1 由（　　）直接控制。

A．QS1　　B．QS2　　C．接触器 KM1

4．Z35 型摇臂钻床的摇臂升降电动机 M3 采用（　　）。

A．接触器联锁　　B．按钮联锁　　C．按钮和接触器双重联锁

5．摇臂上升时，当摇臂完全松开后，鼓形转换开关（　　），为摇臂上升结束时的自动夹紧做好准备。

A．QS4－1 闭合　　B．QS4－2 闭合　　C．QS4－1 断开

6．立柱松紧电动机 M4 采用（　　）控制。

A．顺序　　B．正反转　　C．位置

四、简答题

1．试分析 Z35 型摇臂钻床的型号含义。

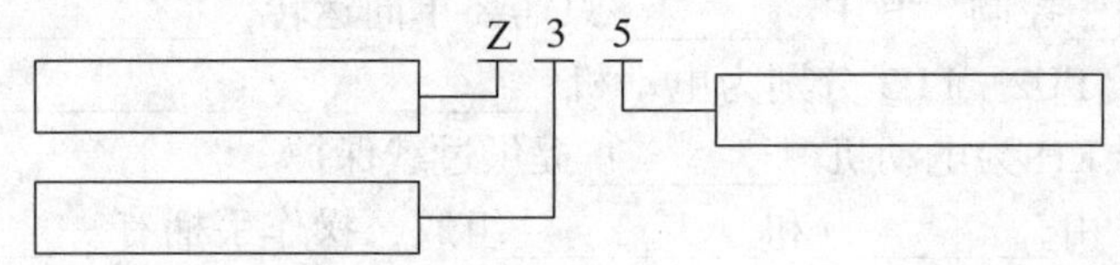

2．简述 Z35 型摇臂钻床摇臂升降的电气控制过程。

3. 汇流环有什么用途？在哪些场合会采用汇流环？

4. 中间继电器 KA 的作用是什么？

5. 简述十字开关各个位置的工作情况。

6. 分组讨论 Z35 型摇臂钻床与 Z406C 型普通台式钻床的区别，并列表做比较。

§2—4　X62W 型万能铣床电气控制

一、填空题（将正确答案填写在横线上）

1. 根据结构形式和加工性能的不同，铣床可分为__________铣床、__________铣床、________铣床、________铣床、__________铣床和专用铣床等。

2. 万能铣床可采用 ________铣刀、________铣刀、__________铣刀及 ________铣刀等工具对各种零件进行__________面、________面、________面及成形表面的加工。

3. X62W 型万能铣床的主轴带动铣刀的旋转运动是________；铣床工作台前后、左右和上下六个方向的运动是________；工作台的旋转运动是________。

4．X62W 型万能铣床在加工过程中有________和________两种工作方式，考虑到不需要频繁变换主轴旋转的方向，因此，用________________来控制主轴电动机的正反转。

5．为保证变速后齿轮能良好啮合，X62W 型万能铣床的________运动和________运动通过________变速后，都要求电动机做________________。

6．主轴电动机或冷却泵电动机__________时，__________必须立即停止，以免损坏刀具和铣床。

7．主轴电动机 M1 由接触器________接通电源，由________作为过载保护，由________控制主轴制动的电磁离合器，由________作为主轴变速冲动开关。

8．主轴电动机 M1 采用__________控制方式，启动按钮__________和__________并联，停止按钮 SB5－1 和 SB6－1________联。

9．进给电动机的正反转由接触器____________控制，通过__________和__________的配合来实现六个方向的联锁。

10．圆形工作台是由转换开关________控制的，当需要其旋转时，将转换开关扳到“接通”位置，此时触点__________和__________断开，__________闭合，接触器________通电吸合，电动机__________连续正转。

11．转换开关 SA2 有三组触点，当拨向圆形工作台位置时，__________和__________断开，________闭合；当拨向进给位置时，__________和__________闭合，________断开。

12．冷却泵电动机必须在__________启动后才能启动，其控制开关是__________。

13．工作台左右进给操作手柄与行程开关__________和__________联动，有__________、__________和__________三个位置。要使工作台向左运动，手柄应扳向__________端，压下行程开关__________使接触器__________通电吸合，电动机__________连续运转。要使工作台停止，手柄应扳向__________位置。

14．主轴冲动过程由行程开关________操作，当手柄推入时，通过凸轮将弹簧杆推动一下行程开关又松开，其过程是________先断开，然后________闭合，使接触器 KM1 通电吸合，电动机 M1 启动，但紧接着是________先断开，________后闭合，电动机 M1 断电使齿轮系统抖动一下，保证了齿轮的顺利啮合。

二、判断题（正确的打“√”，错误的打“×”）

1．X62W 型万能铣床的顺铣和逆铣加工是由主轴电动机 M1 的正反转来实现的。（　）

2．为了提高工作效率，要求 X62W 型万能铣床主轴电动机和进给电动机能同时启动和停止。（　）

3．为了避免损坏刀具和机床，要求电动机 M1、M2、M3 只要有一台过载，三台电动机都必须停止运转。（　）

4．圆形工作台工作时，允许圆形工作台有六个方向的进给运动。（　）

5．进给变速冲动控制也是通过变速手柄与行程开关 SQ1 来实现的。（　）

6．圆形工作台加工工件时，不需要进行加工位置调整，也不要求控制圆形工作台的电动机实现正反转。（　）

7．X62W 型万能铣床的主轴运动和进给运动采用变速盘来进行速度的选择。（　）

8．当 X62W 型万能铣床不需要圆形工作台旋转时，将转换开关 SA2 扳到“接通”

位置。（　　）

9. 主轴电动机是经过弹性联轴器和变速机构的齿轮传动链来实现传动的。（　　）

三、选择题（将正确答案的代号填在括号内）

1. 安装在 X62W 型万能铣床工作台上的工件可以在（　　）个方向调整位置或进给。

A. 四　　B. 五　　C. 六

2. 由于 X62W 型万能铣床主轴传动系统中装有（　　），为减少停机时间，必须采取制动措施。

A. 摩擦轮　　B. 惯性轮　　C. 电磁离合器

3. 圆形工作台的回转运动是由（　　）经传动机构带动的。

A. 主轴电动机 M1　　B. 工作台进给电动机 M3

C. 冷却泵电动机 M2

4. 当左右进给操作手柄扳向右端时，将压合行程开关（　　）。

A. SQ4　　B. SQ5　　C. SQ6

5. 必须在主轴启动后才允许 X62W 型万能铣床工作台的进给和快速移动，这是为了（　　）。

A. 保证安全　　B. 便于操作　　C. 电路安装的需要

6. 若 X62W 型万能铣床工作台正在向右进给，工人误操作，又将另一手柄向下压，这时联锁保护触点（　　）断开，使接触器 KM4 断电，电动机 M3 停转。

A. SQ5－2 和 SQ3－2　　B. SQ5－2 和 SQ6－2

C. SQ6－2 和 SQ4－2

7. X62W 型万能铣床的操作方法是（　　）。

A. 全用按钮　　B. 全用手柄　　C. 既有按钮又有手柄

8. X62W 型万能铣床的主轴电动机 M1 采用（　　）。

A. 反接制动　　B. 电磁抱闸制动　　C. 电磁离合器制动

9. 为了工作可靠，电磁离合器 YC1、YC2、YC3 采用了（　　）电源。

A. 直流　　B. 交流　　C. 高频交流

10. 由于 X62W 型万能铣床圆形工作台的通电线路经过（　　），所以任意进给手柄不在零位时，都将使圆形工作台停下来。

A. 进给系统行程开关的所有常闭触点

B. 进给系统行程开关的所有常开触点

C. 进给系统行程开关的所有常闭及常开触点

11. 在 X62W 型万能铣床中，当接触器 KM3 吸合后，工作台进给电动机 M3 正转可以带动工作台在（　　）三个方向进给；当接触器 KM4 吸合后，工作台进给电动机 M3 反转可以带动工作台在（　　）三个方向进给。

A. 右　下　前　　B. 左　上　后　　C. 上　下　前

12. X62W 型万能铣床主轴电动机 M1 的正反转不用接触器控制而用万能转换开关控制，是因为（　　）。

A. 接触器易损坏　　B. 电动机改变转向不频繁

C. 转换开关操作安全方便

四、简答题

1．试分析 X62W 型万能铣床的型号含义。

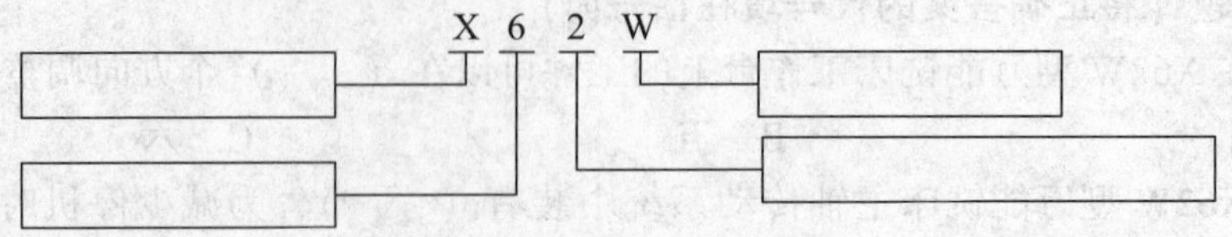

2．X62W 型万能铣床的主要运动形式有哪些？

3．简述 X62W 型万能铣床的主轴变速冲动控制原理并叙述工作台向右进给通路和工作台进给变速冲动通路。

4．试画出圆形工作台的电流路径图。

5．在 X62W 型万能铣床电气控制线路中，接触器 KM1、KM2 的常开辅助触点并联于进给控制电路中，这些触点各起什么作用？

6. 在主轴制动电磁离合器 YC1 电路中，两个并联的触点 SB6－2 和 SB5－2 各起什么作用？

7. 试分组讨论：在 X62W 型万能铣床电气控制线路中，按钮 SB3 和 SB4 两端是否可以并联 KM2 的常开辅助触点？为什么？

§2—5 T68 型镗床电气控制

一、填空题（将正确答案填写在横线上）

1. 按用途不同，镗床可分为________镗床、________镗床、________镗床和________镗床等。

2. 镗床的型号 T68 中的 6 表示__________________，8 表示__________________。

3. T68 型镗床共用________台电动机，分别是________________和________________。

4. 卧式镗床是一种精密加工机床，主要用于________________________的零件，它的镗刀主轴__________放置，是一种多用途的金属切削机床。

5. T68 型镗床由床身、__________、前立柱、上滑板、下滑板和尾座构成。

6. T68 型镗床的镗头箱在前立柱的导轨上进行__________移动。

7. T68 型镗床主轴电动机有__________级调速，变速箱有__________级调速，两者配合可得__________级速度。

8. T68 型镗床有两个行程开关 SQ5 和 SQ6，其中 SQ5 受________手柄操纵，SQ6 受______________________和平旋盘进给手柄操纵，若两种进给同时发生，则 SQ5 和 SQ6 都被压合，控制电路__________，机床____________。

9. 主轴电动机 M1 由________提供过载保护，快进电动机 M2 __________工作，所以不设置过载保护。

10. 主轴电动机在低速运行时接成__________形，由接触器__________控制；高速运行时接成________形，由接触器________和__________控制。

11．对刀时必须采用点动控制，按下正转点动控制按钮________，接触器________通电吸合，其常开辅助触点闭合，接通接触器________，电动机 M1 低速正向启动；同理，按下反转点动控制按钮________，接触器________通电吸合，其常开辅助触点闭合，接通接触器________，电动机 M1 低速反向启动。

12．主轴电动机的转向由接触器__________和__________控制，快进电动机的转向由接触器__________和__________控制。

13．T68 型镗床在镗削时如需变速，可通过手柄压住行程开关__________，使________断开，__________、__________和________均断电，电动机立刻被制动。选择好转速后，手柄推进，SQ1 复位，电动机________启动，使齿轮啮合。

二、判断题（正确的打“√”，错误的打“×”）

1．T68 型镗床不但能完成钻孔、镗孔等孔加工，而且能切削端面、内圆、外圆及铣平面等。 （ ）

2．只要 KM1 或 KM2 主触点闭合，T68 型镗床主轴电动机就能正转或反转。 （ ）

3．T68 型镗床主轴电动机能直接高速运行。 （ ）

4．T68 型镗床可以在运转过程中变速。 （ ）

5．镗头架快速移动、工作台快速移动、尾座快速移动和立柱快速移动都由电动机 M2 驱动。 （ ）

6．T68 型镗床的快速移动和镗头进给可以同时进行。 （ ）

7．T68 型镗床为适应各种工件的加工工艺，主轴应有较大的调速范围。 （ ）

8．镗床具有万能性，几乎能完成工件的全部加工过程，是大型箱体零件加工的主要设备。 （ ）

9．镗削就是在镗床上对工件进行镗孔的加工过程。 （ ）

10．在卧式镗床和车床上镗孔的方法完全相同，均为刀具做旋转运动。 （ ）

11．T68 型镗床主轴电动机 M1 的主电路中串联的限流电阻 R 用来限制 M1 的启动电流。 （ ）

12．T68 型镗床快进电动机 M2 由于是短时工作，可以不用热继电器作为过载保护装置。 （ ）

三、选择题（将正确答案的代号填在括号内）

1．T68 型镗床主轴电动机采用双速电动机是为了（ ）。

A．简化机械传动　　B．加大切削功率

C．驱动镗轴和平旋盘

2．T68 型镗床主轴电动机的快慢由行程开关 SQ1 决定，若调速手柄未压着 SQ1，则电动机将处于（ ）；若调速手柄压着 SQ1，则电动机将处于（ ）。

A．△接法　低速运行　　B．YY接法　高速运行

C．YY接法　低速运行

3．主轴正反转点动调速是通过主轴电动机（ ）正反转实现的。

A．高速　　B．低速　　C．高低速

4．T68 型镗床主轴电动机高速运行时先低速启动的原因是（ ）。

A. 减小机械冲动　　　　　　　　　　B. 减小高速启动电流

C. 提高电动机的输出功率

5. 要使主轴电动机高速正转运行，应先按下按钮（　　），使接触器 KM1 主触点闭合，为电动机正转做好准备。

A. SB1　　　　B. SB2　　　　C. SB3

6. T68 型镗床采用交流双速电动机驱动，接法为（　　）。

A. △-YY　　　　B. Y-△　　　　C. Y-YY

7. T68 型镗床由于采用滑移齿轮变速，为防止顶齿现象发生，要求主轴系统变速时做低速（　　）冲动。

A. 连续　　　　B. 断续　　　　C. 连续或断续

8. T68 型镗床主轴电动机 M1 的正转点动按钮是（　　）。

A. SB1　　　　B. SB2　　　　C. SB3

9. T68 型镗床主轴电动机正转低速运行时，吸合的接触器有（　　）。

A. KM1、KM4 和 KM5　　　　B. KM2 和 KM3

C. KM1 和 KM3

10. T68 型镗床主轴电动机反转高速运行时，吸合的接触器有（　　）。

A. KM2、KM4 和 KM5　　　　B. KM2、KM5 和 KM6

C. KM2、KM3、KM4 和 KM5

11. T68 型镗床主轴电动机过载时，热继电器常闭触点断开，会切断（　　）。

A. 整个控制电路　　　　B. 主轴控制电路

C. 快进控制电路

12. T68 型镗床快进控制电路采用的是（　　）。

A. 接触器联锁正反转控制电路

B. 按钮、接触器双重联锁正反转控制电路

C. 行程开关、接触器双重联锁正反转控制电路

13. T68 型镗床主轴制动采用（　　）。

A. 电气制动　　　　B. 机械制动　　　　C. 电气、机械联合制动

四、简答题

1. T68 型镗床的主运动、进给运动和辅助运动分别是什么？

2. T68 型镗床的哪些运动是由快进电动机 M2 完成的？

3. T68 型镗床电气控制线路中两个并联的触点 SQ5、SQ6 各起什么作用？

4. 简述 T68 型镗床主轴电动机的反转启动过程。

5．简述 T68 型镗床主轴电动机高速正转的控制过程。

§2—6　机床电气设备常见故障及排除方法

一、填空题（将正确答案填写在横线上）

1．机床在运行过程中经常会出现一些电气故障，这些故障大致分为两种类型，分别是____________和____________。

2．电气设备发生故障后，维修人员应能够______、______、______、______、______地查出故障并加以______，尽早恢复工业机械的正常运行。

3．在机床电气设备检测过程中常用的测量方法有________和________。

4．应按一定的步骤检修电气故障，分别是____________、____________、____________和____________。

5．在用测量法检查故障点时，一定要保证各种______和______完好，使用方法正确，还要注意防止______、______及其他______的影响，以免导致误判断。

二、判断题（正确的打“√”，错误的打“×”）

1．在电气设备故障检修过程中，同种故障症状可对应多种引起故障的原因，而同种故障原因只有同种故障症状的表现形式。（　　）

2．电气设备的维修包括日常维护保养和故障检修两方面。（　）

3．检修时通过对电路带电测量电压、电流，断电测量电阻等，来判断元器件的好坏。（　）

4．电动机缺相运行会发出“嗡嗡”的响声，使输出转矩下降，还可能会使电动机加速运转。（　）

5．在检修机床电气设备故障时，可以不提供（不分析）的是机床设备电器布置图。（　）

三、选择题（将正确答案的代号填在括号内）

1．在机床电路中，若某台电动机是短时工作制，则其主电路不需加装（　）。

A．熔断器　　B．热继电器　　C．接触器

2．调试较复杂机械设备电气控制线路前，应准备的设备主要是指（　）。

A．交流调速装置

B．晶闸管开环系统

C．晶闸管双闭环调速直流驱动装置

3．电气设备在运行过程中，由于操作使用不当、安装不合理或维修不正确等人为因素造成的故障，称为（　）。

A．机械故障　　B．人为故障　　C．自然故障

4．万用表测量交流电压的量程有10 V、100 V、500 V三挡，使用完毕应将万用表的转换开关转到（　）挡，以免下次使用不慎而损坏万用表。

A．高压　　B．低压　　C．中间

5．由于导线绝缘老化而造成的设备故障属于（　）。

A．机械故障　　B．人为故障　　C．自然故障

四、简答题

1．简述常用机床电气设备检修的十项原则。

2. 简述在机床电气设备故障检测过程中常用的两种测量方法的优缺点。

3. 结合教材中的 CA6140 型车床电气控制线路图，根据下列故障现象，分析产生故障的原因。

（1）电源指示灯不亮。

（2）主轴电动机不能停机。

（3）主轴电动机、冷却泵电动机和刀架快速移动电动机全都不工作。

（4）刀架快速移动电动机 M3 不能启动。

（5）按下 SB2 后，主轴电动机 M1 启动；松开 SB2 后，主轴电动机 M1 停止运转。

（6）主轴电动机 M1 启动运转后，按下 SB4，冷却泵电动机 M2 不运转。

第三章　可编程控制器的原理与应用

§3—1　认识可编程控制器

一、填空题（将正确答案填写在横线上）

1．世界上第一台 PLC 诞生于________年________国。

2．一般而言，FX 系列 PLC 的交流输入电源电压范围为________。

3．可编程控制器属于________控制方式，其控制功能是通过存放在存储器内的________来实现的，若要对控制功能进行必要的修改，只需改变________即可，从而实现了硬件控制的程序化。

4．可编程控制器的主要特点有______________、______________、______________、______________。

5．FX_{3U}－48MR 小型可编程控制器面板可以分为四部分，分别是______________、______________、______________和______________。

6．FX_{3U}－48MR 系列 PLC 的输入点有__________个，输出点有__________个。

7．FX_{3U}－48MR 型输出继电器的前__________点为每__________点共用一个公共端口，后________点共用一个公共端________，以适应额定电压不同的负载。

8．PLC 的工作过程是一个不断__________的过程，每次扫描过程分别有______________、______________、______________三个核心阶段。

9．高速、大功率的交流负载应选用____________输出的输出接口电路。

10．PLC 的 I/O 点数是指__________的总点数。

11．PLC 的输入输出端口都采用__________隔离。

12．PLC 的________程序永久保存在 PLC 中，用户不能改变。________程序是根据生产工艺要求编制的，可通过可编程控制器修改或增删。

13．PLC 的存储器由____________、____________和____________三大部分构成。

14．PLC 的输入输出端子编号采用________进制编号方法。

15．PLC 的电源接在__________和__________端子之间，通常接__________V 交流电源。

二、判断题（正确的打“√”，错误的打“×”）

1．输入继电器只能由外部信号驱动，而不能由内部指令来驱动。（　　）

2．PLC 的 I/O 地址编号可随意设定。（　　）

3．可编程控制器是一种数字运算操作的电子系统，专为在工业环境下应用而设计，它采用可编程存储器。（　　）

4．可编程控制器的输出端可直接驱动大容量电磁铁、电磁阀、电动机等大负载。

（　　）

5. 可编程控制器的输入端可与机械系统上的触点开关、接近开关、传感器等直接连接。 ( )

6. PLC 采用典型的计算机结构，主要由 CPU、RAM、ROM 和专门设计的输入输出接口电路等组成。 ( )

7. $FX_{3U}-48MR$ 型 PLC 的输出形式是继电器触点输出。 ( )

8. 可编程控制器的开关量输入/输出总点数是计算所需内存储器容量的重要根据。 ( )

9. PLC 的表面应用干抹布和皮老虎擦拭，以保证其工作环境的整洁和卫生。 ( )

10. 输出继电器的状态不由用户编制的程序控制。 ( )

三、选择题（将正确答案的代号填在括号内）

1. PLC 内部具有定时器、计数器、内部辅助继电器和（ ）。

A. 输出继电器 B. 内存条 C. 编程器 D. 显示器

2. PLC 的基本系统由（ ）组成。

A. CPU 模块 B. 存储器模块

C. 电源模块和输入输出模块 D. 以上都是

3. PLC 的输入元件主要有（ ）。

A. 时间继电器 B. 传感器 C. 热继电器 D. 接触器

4. PLC 的（ ）输出是有触点输出，既可控制交流负载又可控制直流负载。

A. 继电器 B. 晶闸管 C. 单结晶体管 D. 二极管

5. PLC 将输入信息传送到 PLC 内部，执行（ ）后实现逻辑功能，最后输出达到控制要求。

A. 硬件 B. 元件 C. 用户程序 D. 控制程序

6. PLC 输出类型有继电器、晶体管、（ ）三种输出形式。

A. 二极管 B. 单结晶体管 C. 双向晶闸管 D. 发光二极管

7. PLC 机型选择的基本原则是在满足（ ）要求的前提下，保证系统可靠、安全、经济及使用维护方便。

A. 硬件设计 B. 软件设计 C. 控制功能 D. 输出设备

8. PLC 通过可编程控制器编制控制程序，即将 PLC 内部的各种逻辑部件按照（ ）进行组合，以达到一定的逻辑功能。

A. 设备要求 B. 控制工艺 C. 元件材料 D. 编程器型号

9. 下列无法由 PLC 元件代替的是（ ）。

A. 热继电器 B. 定时器 C. 中间继电器 D. 计数器

10. 选择 PLC 产品应注意的电气特征是（ ）。

A. CPU 执行速度和输入输出模块形式

B. 编程方法和输入输出形式

C. 容量、速度、输入输出模块形式、编程方法

D. PLC 的体积、耗电量、处理器和容量

11. 在机房内通过（ ）对 PLC 进行编程和参数修改。

A. 个人计算机

B. 单片机开发系统

C. 手持编程器和带有编程软件的个人计算机

D. 手机和平板电脑

四、简答题

1. PLC 与继电器控制系统有哪些差异？

2. 一个交流电源的输出设备是否可以与几个直流输出设备共用一个输出 COM 端？

3. 在 PLC 系统日常使用中，热继电器的常闭触点既可以接到 PLC 的输入端，还可以接到输出端，为什么？各有何特点？

4．在 PLC 系统中，为什么通常会采用常闭按钮作为急停按钮？

5．选购 PLC 机型时应考虑哪些因素？

6．可编程控制器的安装与维护及应用中的注意事项有哪些？

7．PLC 的输出元件有哪几种类型？它们的主要区别是什么？

8．请分析比较图 3—1 和图 3—2 两张控制线路图，写出两个线路各自的特点，并根据图 3—2 列出 I/O 地址分配表。

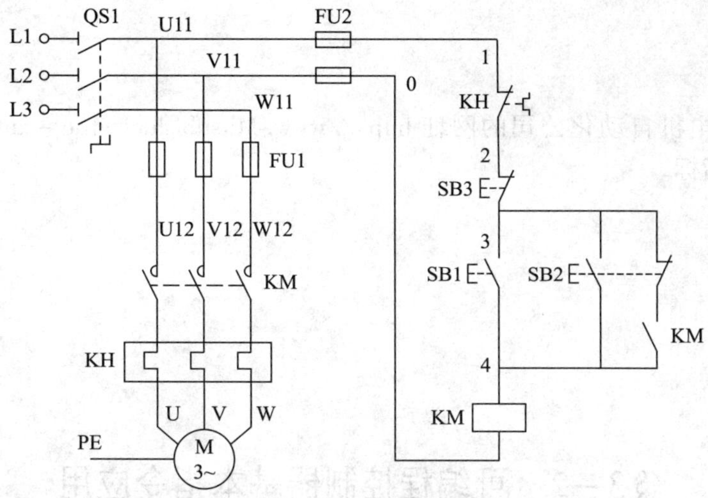

图 3—1　点动自锁混合控制电气线路

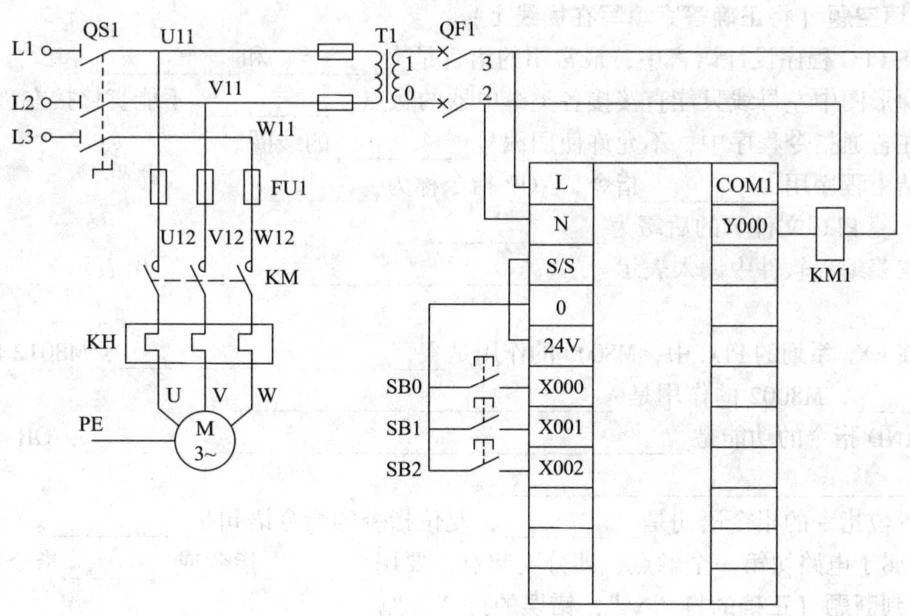

图 3—2　点动自锁混合控制 PLC 改造线路

9. 访问三菱电机自动化公司的网址 http://www.Mitsubishielectric-automation.cn，了解 FX_{3U} 系列的性能指标。

§3—2 可编程控制器基本指令应用

一、填空题（将正确答案填写在横线上）

1. 在 PLC 程序设计语言中，最常用的语言是＿＿＿＿＿和＿＿＿＿＿＿。

2. 梯形图中左母线只能直接接各类继电器的触点，＿＿＿＿＿不能直接接左母线。

3. 在普通指令程序中，不允许使用编号＿＿＿＿＿的线圈。

4. 结束程序用＿＿＿＿＿指令，NOP 指令称为＿＿＿＿＿。

5. 三菱 PLC 文件名的后缀为＿＿＿＿＿＿。

6. 三菱编程软件中读入表示＿＿＿＿＿＿＿＿＿＿＿＿＿，写出表示＿＿＿＿＿＿＿＿＿＿＿＿＿。

7. 在 FX_{3U} 系列的 PLC 中，M8000 的作用是＿＿＿＿＿＿＿＿＿＿＿＿，M8012 的作用是＿＿＿＿＿＿，M8002 的作用是＿＿＿＿＿＿＿＿＿＿＿＿＿＿。

8. AND 指令的功能是＿＿＿＿＿＿＿＿＿＿＿＿＿＿＿＿＿＿＿＿＿＿，OR 指令的功能是＿＿＿＿＿＿＿＿＿＿＿＿＿＿＿＿＿。

9. 置位指令的指令语句是＿＿＿＿＿，复位指令的指令语句是＿＿＿＿＿。

10. 属于电路块第一个触点，即分支起点，要用＿＿＿＿指令或＿＿＿＿指令。

二、判断题（正确的打“√”，错误的打“×”）

1. 能直接编程的梯形图必须按顺序执行，即从上到下、从左到右地执行。（　）

2. 右母线只能直接接各类继电器的线圈（不含输入继电器线圈），继电器的触点不能直接接右母线。（　）

3. 在 PLC 梯形图中，如单个节点与一个串联支路并联，应将串联支路放置在图形的上面，而把单个节点并联在其下面。（　）

4. 在 PLC 梯形图中，如单个节点与一个并联支路串联，应将并联支路紧靠右侧母线放置，而把单个节点串联在其左边。（　）

5. 当继电器的常开触点或常闭触点与其他继电器的触点组成的电路块串联时，不可以

使用 AND 指令或 ANI 指令。 ( )

6. 在 PLC 梯形图中，串联块的并联连接指的是梯形图中由若干节点并联所构成的电路。 ( )

7. 串联一个常开触点时采用 AND 指令，串联一个常闭触点时采用 LD 指令。 ( )

8. OUT 指令是驱动线圈指令，用于驱动各种继电器。 ( )

9. 梯形图中的触点可以任意串联或并联，而线圈只可以并联不能串联。 ( )

10. 在梯形图中，输入触点和输出线圈为现场的开关状态，可直接驱动现场的执行元件。 ( )

11. PLC 内的指令 ORB 或 ANB 在编程时如非连续使用，可以使用无数次。 ( )

12. 在一段不太长的用户程序结束后，写与不写 END 指令，对于 PLC 来说其效果是不同的。 ( )

13. 在 PLC 中，指令是可编程控制器所能识别的唯一语言。 ( )

14. PLC 模拟调试的方法是在输入端接开关来模拟输入信号，输出端接指示灯来模拟被控对象的动作。 ( )

15. 当编程软件处于“监视模式”界面时，系统默认以蓝色显示的触点或线圈处于断开状态。 ( )

16. ANDF 指令的功能是在常开触点断开的瞬间与前面的触点串联一个扫描周期。

( )

三、选择题（将正确答案的代号填在括号内）

1. 多个并联电路块的串联用（ ）指令。

A. ANB　B. RDS　C. ORB　D. OR

2. PLC 在模拟运行调试中可用可编程控制器进行（ ），若发现问题，可立即修改程序。

A. 输入　B. 输出　C. 编程　D. 监控

3. PLC 中微分指令 PLS 的表现形式是（ ）。

A. 仅输入信号的上升沿有效　B. 仅输入信号的下降沿有效

C. 仅输出信号的上升沿有效　D. 仅高电平有效

4. 对复杂的梯形图逻辑进行程序编写时应该（ ）。

A. 采用高级语言　B. 直接转化为程序

C. 先简化梯形图再将其转化为程序　D. 用高级 PLC

5. 在 FX_{3U} 系列 PLC 的基本指令中，（ ）指令是无数据的。

A. OR　B. ORI　C. ORB　D. OUT

6. 下列（ ）指令让常开触点只在闭合的瞬间接入左母线一个扫描周期。

A. LDF　B. LDP　C. OR　D. LDI

7. 在 PLC 梯形图中，两个或两个以上的触点并联连接的电路称为（ ）。

A. 串联电路　B. 并联电路　C. 串联电路块　D. 并联电路块

8. 在现场观察 PLC 的内部数据变化而不影响程序的运行可采用（ ）。

A. 关机检查　B. 正常运行方式　C. 监控运行状态　D. 编程状态

9. 与下面的指令表相对应的梯形图为（ ）。

```
LD    X000
OR    X001
ORI   X002
OR    X003
LD    X004
ANB
LDI   X005
ANI   X006
ORB
OUT   Y000
END
```

A.

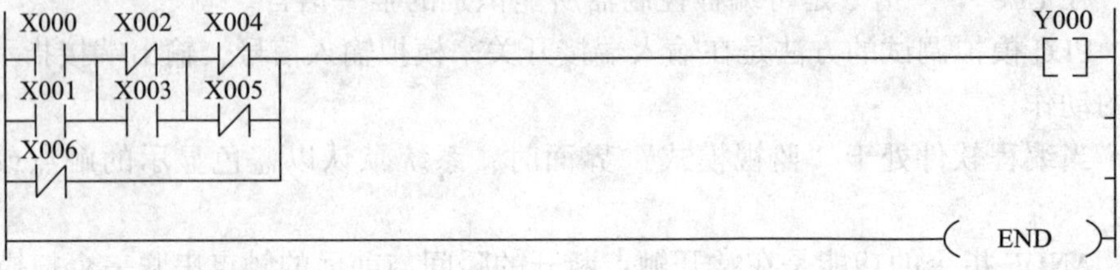

X000 X002 X004 Y000
X001 X003 X005
X006
END

B.

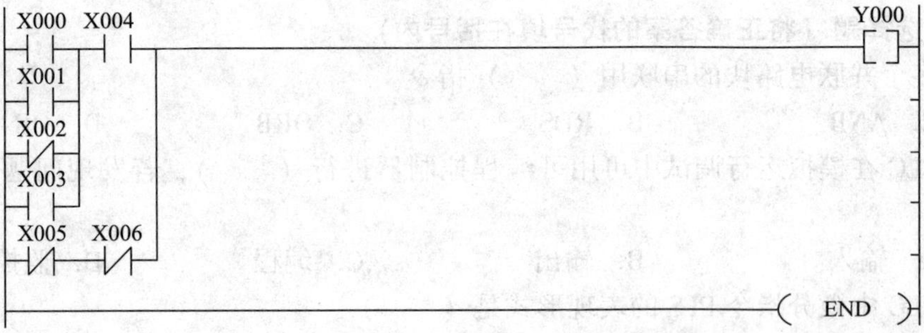

X000 X004 Y000
X001
X002
X003
X005 X006
END

C.

X000 X002 X004 Y000
X001 X003
X005 X006
END

D.

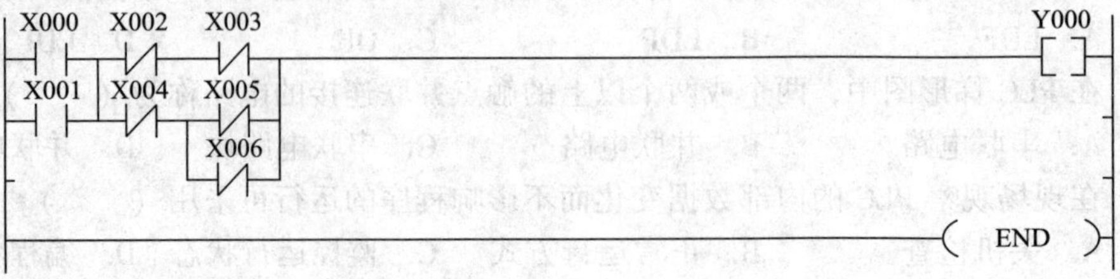

X000 X002 X003 Y000
X001 X004 X005
X006
END

10. SET 指令的操作元件为（　　）。

A. 辅助继电器 M　　B. 输出继电器 Y

C. 状态继电器 S　　D. 以上都是

四、简答题

1. 为什么 PLC 的触点可以使用无数次？

2. 什么是指令？什么是程序？程序设计语言有哪几类？

3. 简述 FX_{3U} 系列 PLC 的主要元器件及其编号。

4. 将图 3—3 所示梯形图转换成指令表。

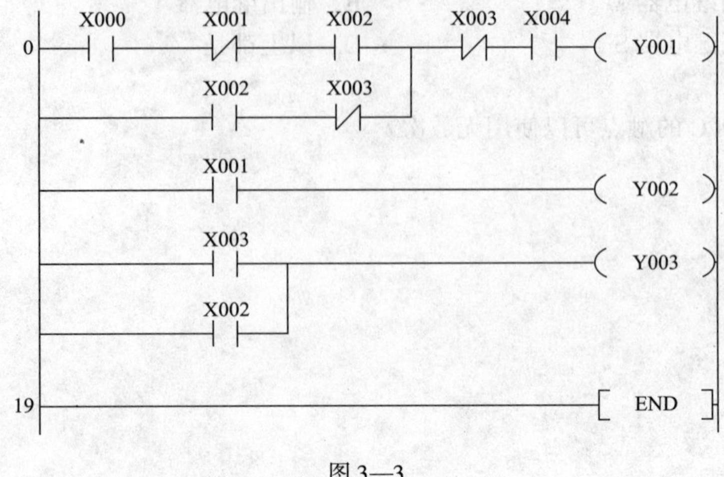

图 3—3

5. 将以下指令表转换成梯形图。

LD	X000
OR	X001
LD	X002
AND	X004
LDI	X003
AND	X005
ORB	
ANB	
OR	X006
OUT	Y000
END	

6. 通过网络访问一些 PLC 专业网站的论坛，完成下列问题。

（1）有几种方法来运行 GX – Developer 软件？

（2）如何将梯形图转化为语句表？

（3）能否将下载程序的时间缩短一些？

7. 如果要实现两地控制一盏灯，应如何设计电路？请列出 I/O 地址分配表，并画出 PLC 接线图。

8. 如何实现用按钮控制灯的状态（即按一下灯亮，再按一下灯灭，可以反复操作）？请分组进行讨论并设计程序，将各自的设计程序做比较，指出设计的程序有哪些优缺点。

9. 根据表 3—1 所列 I/O 地址分配明细，画出 PLC 接线图。

表 3—1　　I/O 地址分配明细

输入			输出		
输入元件	输入器件	作用	输出元件	输出器件	作用
X000	SB1	启动	Y000	KM1（AC 220 V）	正转运行
X001	SB2	停止	Y001	KM2（AC 220 V）	反转运行
X002	SQ1	左限位	Y002	HL1（AC 220 V）	正转指示
X003	SQ2	右限位	Y003	HL2（AC 220 V）	反转指示

§3—3 定时器与计数器

一、填空题（将正确答案填写在横线上）

1. 在 FX_{3U} -48MR 型 PLC 中，T0 是以________为单位的延时定时器，它的常数设定值取值范围是____________。T245 是以________为单位的延时定时器，T256 是以________为单位的延时定时器。

2. 定时器串级使用时，其总的定时时间为各定时器常数设定值的________。

3. 在计时条件失去或 PLC 断电时，其当前值寄存器的数据及触点状态均可保持的定时器称为__________。

4. FX_{3U}系列的定时器总数为________个。

5. 定时器工作时，除了有和自己编号对应的存储器外，同时还有一个_______________寄存器和一个_______________寄存器一起工作。

6. FX_{3U}系列 PLC 16 位增计数器共有________个，其中 C0 ~ ________为通用计数器，________ ~ C199 为断电保持计数器。

7. 计数器可对内部元件__________、__________、__________、__________、__________和____________的信号进行计数。

8. 计数器的设定值除了可由常数 K 直接设定外，还可通过指定__________的元件号来间接设定。

9. __________就是既可设置为增计数，又可设置为减计数的计数器。

10. FX_{3U}系列 PLC 中高速计数器的元件编号为________ ~ ________。

11. 进行增计数或减计数（即计数方向）由特殊辅助继电器__________设定，计数器与特殊辅助继电器一一对应。

二、判断题（正确的打“√”，错误的打“×”）

1. 在 FX_{3U}系列 PLC 中，积算定时器具有停电保持功能。（ ）

2. PLC 内定时器的时钟脉冲有 1 ms、10 ms、100 ms、1 000 ms 四种。（ ）

3. FX_{3U}系列 PLC 内有 100 ms 定时器 200 点，时间设定值为 0.1 ~ 3 276.7 s。（ ）

4. PLC 中 T1 的常数 K 为 30，则定时时间为 30 s。（ ）

5. T0 的最长延时时间为 3.767 s。（ ）

6. 在 FX_{3U}系列 PLC 中，积算定时器和断电保持计数器一样需用复位指令。（ ）

7. FX_{3U}系列 PLC 最多只能同时用 8 个高速计数器。（ ）

8. 通用计数器不需和 RST 指令配合，只要程序结束，计数器自动清零。（ ）

三、选择题（将正确答案的代号填在括号内）

1. PLC 中的定时器是（ ）。

A. 硬件实现的延时继电器，在外部调节

B. 软件实现的延时继电器，用参数调节

C. 时钟继电器

D. 输出继电器

2. 在 FX_{3U}系列 PLC 中，T35 的常数 K = 200，则延时时间为（ ）s。

A. 20　　B. 200　　C. 2　　D. 0.2

3. T60 的最长延时时间为（ ）s。

A. 3 276.7　　B. 327.67　　C. 32.767　　D. 3.276 7

4. PLC 的计数器是（ ）。

A. 硬件实现的计数继电器　　B. 一种输入模块

C. 一种定时时钟继电器　　D. 软件实现的计数单元

5. FX_{3U}系列 PLC 共有（ ）点高速计数器。

A. 4　　B. 8　　C. 16　　D. 21

6. 如图 3—4 所示，Y001 的动作应为（ ）。

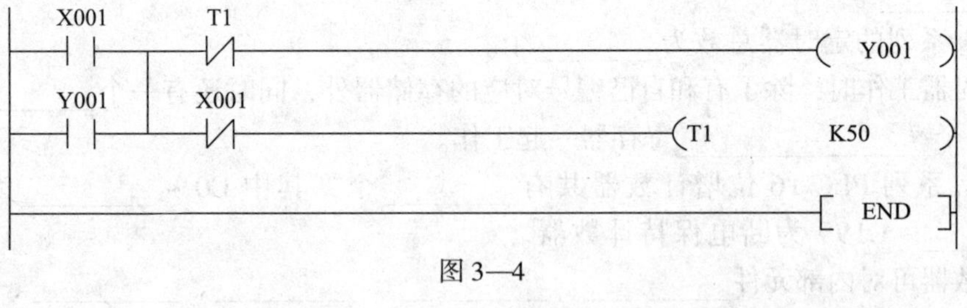

X001 T1 Y001
Y001 X001 T1 K50
END

图 3—4

A. 按下 X001，无任何动作；松开 X001，5 s 后 Y001 通电

B. 按下 X001，无任何动作；松开 X001，Y001 通电，5 s 后 Y001 断电

C. 按下 X001，Y001 通电；松开 X001，Y001 断电；5 s 后 Y001 又通电

D. 按下 X001，Y001 通电并保持；松开 X001，5 s 后 Y001 断电

7. 如图 3—5 所示，Y000 的动作应为（ ）。

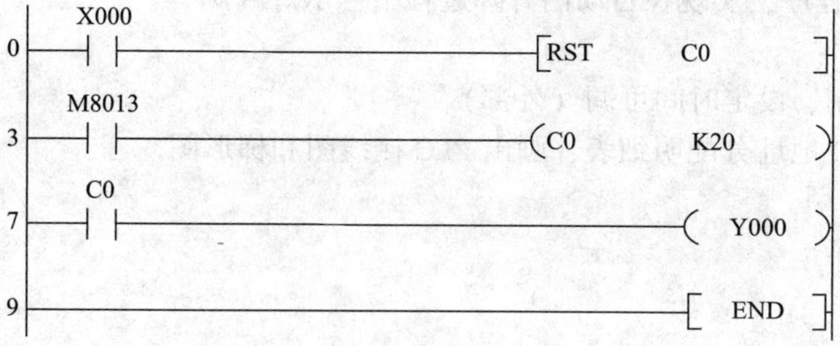

0 X000 [RST C0]
3 M8013 (C0 K20)
7 C0 (Y000)
9 [END]

图 3—5

A. 按下 X000，过 20 s Y000 动作

B. 按下 X000，过 30 s Y000 动作

C. 按下 X000，过 50 s Y000 动作

D. 按下 X000，过 600 s Y000 动作

四、简答题

1. 计数器能实现分频电路吗？是如何实现的？

2．设计一个程序，实现在自动门升降过程中警示灯闪烁。

设计要求如下：

（1）延时控制、设定时间可调（外部）。

（2）列出 I/O 地址分配明细表，画出 PLC 接线图和梯形图。

3．编写用计数器实现按钮控制电动机启动和停止的程序。

4. 设计一个 24 小时定时程序。

5. 试设计一个简单的货物运送、装卸装置，列出输入输出地址分配明细表并编写程序梯形图。其具体运动过程如图 3—6 所示。

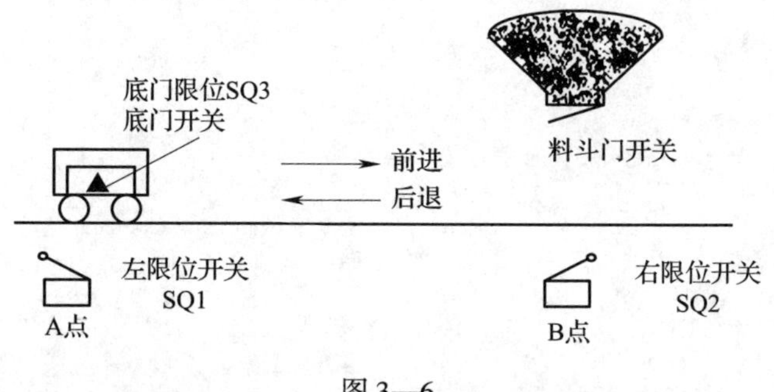

图 3—6

(1) 按下启动按钮，运货小车右行至右限位，到位后小车停止右行，打开料斗门开始装货。

(2) 7 s 后料斗门关闭，小车左行至左限位，到位后小车停止左行，打开底门开始卸货。

(3) 5 s 后底门关闭，小车完成一次装卸货过程。如此循环工作 10 次后，小车自动停于 A 点，等待再次按下启动按钮进行新一轮工作流程。

第四章　数控机床电气控制

§4—1　认识数控机床

一、填空题（将正确答案填写在横线上）

1. CK616i 数控车床由＿＿＿＿＿、＿＿＿＿＿、＿＿＿＿＿、＿＿＿＿＿等几部分组成，其加工最大回转直径为＿＿＿＿mm。

2. 输入/输出设备是 CNC 系统（数控系统）与外部设备进行＿＿＿＿或＿＿＿＿交换的装置。交换的信息通常是＿＿＿＿＿。

3. 普通卧式车床的主运动、进给运动均通过＿＿＿＿＿＿的旋转运动来实现，而数控车床的主运动、进给运动则分别通过＿＿＿＿＿＿、＿＿＿＿＿＿来实现。

4. 数控机床是采用＿＿＿＿＿控制技术的机床，即用＿＿＿＿信号控制机床运动及其加工过程。

5. 常见的数控机床有＿＿＿＿＿＿、＿＿＿＿＿、＿＿＿＿＿、＿＿＿＿＿等。

6. 数控车床一般是由＿＿＿＿＿＿、＿＿＿＿＿＿、＿＿＿＿＿＿、＿＿＿＿＿＿和＿＿＿＿＿＿、＿＿＿＿＿＿及＿＿＿＿＿＿等组成。

7. NC 装置是数控车床的＿＿＿＿＿＿，由＿＿＿＿＿＿和＿＿＿＿＿＿两部分组成。它接收＿＿＿＿＿输入的加工信息，将代码＿＿＿＿＿＿、＿＿＿＿＿＿、＿＿＿＿＿＿，并输出相应的控制指令，使机床按规定的要求动作。

8. 主轴驱动是数控系统的＿＿＿＿＿，它包括＿＿＿＿＿＿和＿＿＿＿＿＿。

9. 数控车床的主轴驱动有＿＿＿＿＿＿、＿＿＿＿＿、＿＿＿＿＿等几种形式。

10. 伺服驱动是数控系统的＿＿＿＿＿部分，包括＿＿＿＿＿和＿＿＿＿＿＿。

11. FANUC 系统可对丝杠螺距误差等机械系统中的误差进行补偿，补偿数据以参数的形式存储在＿＿＿＿＿＿中。

二、判断题（正确的打“√”，错误的打“×”）

1. 开环控制方式具有位置检测装置，加工精度较高。（　　）

2. 全闭环控制方式既有位置检测元件，又有速度检测元件，所以精度较高，工作稳定。（　　）

3. 全闭环控制方式调整较为简单，工作也很稳定。（　　）

4. FANUC 系统对外界条件的要求较高，适应性一般。（　　）

5. 复合加工循环可以简化机床编程。（　　）

6. 数控机床通过 NC 装置和 PLC 装置的共同作用来完成控制功能。（　　）

7. 机床厂家可在 CNC 上直接改变 PMC 程序和宏执行器程序。（　　）

三、选择题（将正确答案的代号填在括号内）

1. FANUC 系统主轴控制回路为位置（　　）控制。

A. 开环　　　　　　B. 闭环　　　　　　C. 半闭环

2. 精度要求高的数控机床采用（　　）控制方式。

A. 开环　　　　　　B. 全闭环　　　　　C. 半闭环

3. FANUC 系统是日本（　　）公司的产品。

A. 三菱　　　　　　B. 松下　　　　　　C. 富士通

4. 下列图片分别属于哪种数控机床？

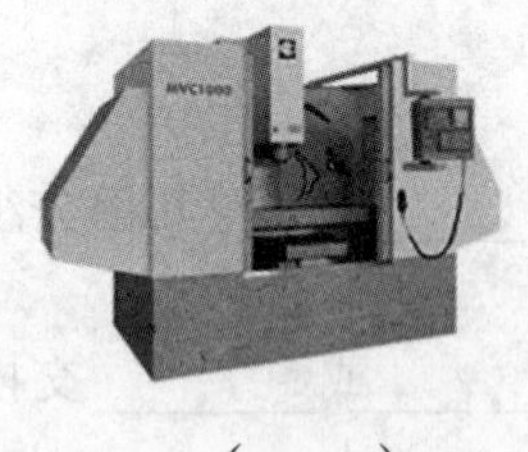

（　　）　　　　（　　）　　　　（　　）　　　　（　　）

A. 立式加工中心　B. 卧式加工中心　C. 数控铣床　D. 数控车床

5. [↑ +X / ← −Z / RAPID / → +Z / ↓ −X] 的作用是（　　）。

A. “AUTO”模式下的按钮　　　　B. 主轴功能

C. “JOG”进给及其进给方向　　　D. “HANDLE”操作及其进给方向

四、简答题

1. 什么是数控机床？数控机床和普通机床相比有什么区别？常见的数控机床有哪些类型？

2. FANUC 系统的特点有哪些？

3．开环控制方式的原理是什么？其具有什么特点？

4．全闭环控制方式的原理是什么？其具有什么特点？适用于哪些场合？

5．半闭环控制方式的原理是什么？其具有什么特点？适用于哪些场合？

6. 简要描述位置检测系统的作用。

7. 简要描述 FANUC 系统控制面板上 6 个模式选择按钮的作用。

8. 访问 http://www.busnc.com/数控工作室论坛，了解数控基本知识，讨论数控机床常见电气故障的分类。

§4—2　数控机床的检测装置

一、填空题（将正确答案填写在横线上）

1. 检测装置在闭环控制系统中的主要作用是检测____________，并发出__________信号，与__________进行比较，从而实现对设备的控制。

2. 数控系统中的检测装置按检测对象不同，可分为_________、________和__________三种类型。按运动方式不同，又可分为_________和___________两大类。

3. 感应同步器有__________和___________两种。

4. 直线式位置检测装置用于检测__________，旋转式位置检测装置用于检测_______。

5. 直线式感应同步器由_________和_________两部分组成，两者相对_________安装。

6. 光栅是利用____________原理，通过____________测量____________的数量来测量____________________的移动量或________的旋转量。

7. 光栅尺的输出信号常用于________的相位信号和______________________的零标志位脉冲信号。

8. 磁栅尺在测量时，读取磁头将磁性标尺上的________信号转化为________信号，然后再送到________电路中，把磁头相对于磁性标尺的________或________转化为控制信号输入到数控系统中。

9. 磁栅尺由_________、_________和_________三部分组成。

10. 常用的位置检测装置有________________、________________、________________、________、________。

11. 旋转变压器的定子上有相等匝数的________绕组和________绕组，转子上也有相等匝数的________绕组和________绕组。

12. 旋转变压器可作为________检测元件，一般用于精度要求不高或大型机床的粗测及中测系统中。

13. 光电脉冲编码器按输出信号与位置的对应关系，通常分为___________________和___________________两种。

14. __________是传感器中能直接感受或响应被测量的部分；_________是传感器中能将敏感元件或响应的被测量转换成适用于传输或测量的电信号的部分。

15. 传感器按能量关系可以分为__________传感器和_________传感器。

16. 接近开关输出电路均有较大的______________，所以可以用它去控制并带动执行机构工作。

二、判断题（正确的打“√”，错误的打“×”）

1. 旋转变压器转子绕组和定子绕组的阻值相同。（　　）

2. 光电脉冲编码器轴与电动机轴或丝杠端连接宜采用刚性连接。（　　）

3. 不能用力拆装和撞击磁性标尺及磁头，否则会使其磁性减弱或使其磁场紊乱。（　　）

4. 光栅尺上的污物可以用脱脂棉蘸无水酒精轻轻擦除。（　　）

5. 光电脉冲编码器的安装形式有两种：一种是与伺服电动机同轴安装，称为外装式编码器；另一种是编码器安装于传动链末端，称为内装式编码器。 （　　）

6. 传感器的输入量是一个被测量，可以是物理量，也可以是生物量或者化学量。

（　　）

三、选择题（将正确答案的代号填在括号内）

1. 读取磁头是进行（　　）转换的变化器，它能把反映空间位置关系的磁化信号检测出来。

A. 电－磁　　　B. 磁－电　　　C. 磁－磁

2. 旋转变压器是一种旋转式的小型（　　）电动机。

A. 直流　　　B. 交流　　　C. 交直流两用

3. 直线式感应同步器的定尺固定螺栓不得超过尺面，调整间隙在（　　）为宜。

A. 0.05 ~ 0.25 mm　　　B. 0.05 ~ 2 mm　　　C. 3 ~ 5 mm

4. 一条透明玻璃片上刻有一系列等间隔的密集线纹属于（　　）。

A. 反射光栅　　　B. 透射光栅　　　C. 衍射光栅

5. 磁化信号可以是脉冲，也可以是（　　）。

A. 方波　　　B. 锯齿波　　　C. 正弦波

6. 下列图片分别属于哪种检查装置？

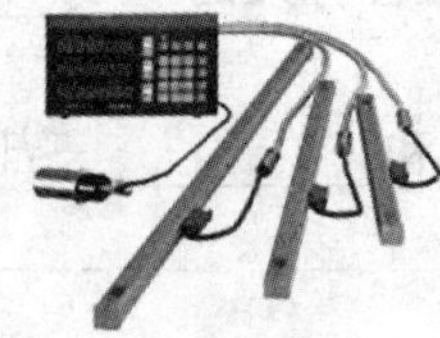

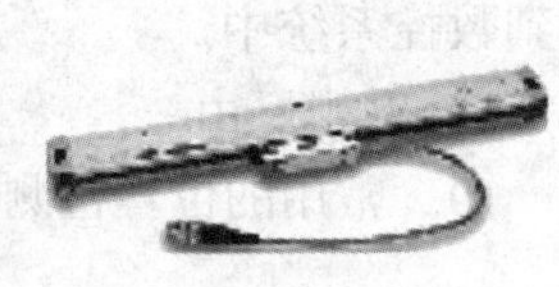

（　　）　（　　）　（　　）　（　　）　（　　）

A. 磁栅尺　　　B. 光栅尺　　　C. 感应同步器

D. 脉冲编码器　　　E. 旋转变压器

7. 光栅尺上的污物可以用（　　）轻轻擦除。

A. 清水　　　B. 汽油

C. 脱脂棉蘸无水酒精　　　D. 肥皂液

8. 按工作原理不同，传感器可以分为电阻式传感器、电容式传感器、电感式传感器、光电传感器、（　　）等。

A. 温度传感器　　　B. 陶瓷传感器

C. 无源传感器　　　D. 磁敏传感器

四、简答题

1. 在安装和维护直线式感应同步器时应注意哪些事项？

2. 在安装和使用光栅尺时应注意哪些事项？

3. 简述直线式感应同步器的结构和原理。

4. 维护磁栅尺时应注意哪几点？

5. 简述磁栅尺的检测原理。

6．维护旋转变压器时应注意哪些事项？

7．在安装和使用光电脉冲编码器时应注意哪几点？

8．简述数控系统中几种检测装置的异同点。

9．试画出传感器的组成框图。

§4—3　数控机床的变频器

一、填空题（将正确答案填写在横线上）

1．数控机床主轴电动机主要采用______________调速，这是因为主轴电动机需要容量____________，调速性能要求__________，调速范围__________。

2．通过改变定子____________而使转速________变化的方法称为变频调速。

3．变频器有________________变频器和_______________变频器两大类，目前几乎都是采用______________变频器。

4．矢量控制方式可以实现________与________的独立控制，获得与________电动机相同的调速特性，既能满足__________的要求，又能满足__________的要求。

5．变频器是以__________为中心而构成的静止机器，容易受到__________、__________、__________、__________和________等使用环境的影响。

6．变频器工作时，PU 灯亮表示为__________工作模式，EXT 灯亮表示为__________工作模式，NET 灯亮表示为____________工作模式。

7．按下变频器上的 M 旋钮，可以显示__________________、______________________、________________三类内容。

8．MODE 键用来切换__________。

二、判断题（正确的打"√"，错误的打"×"）

1．为了便于散热及维护，变频器周围应保证有足够空间。（　　）

2．变频器与主轴电动机配合使用时，无须进行预先设定。（　　）

3．变频器应水平安装。（　　）

4．变频器的 U、V、W 端子一般用来连接三相交流电源。（　　）

5．在变频器恒速运行中，当变频器输出电流超过额定电流的 200% 时，保护电路动作，停止变频器输出。（　　）

6．由于振动、温度的变化等原因，变频器的螺钉和螺栓容易松动，需定期检查其是否可靠拧紧。（　　）

三、选择题（将正确答案的代号填在括号内）

1．三菱变频器 FR－D700 操作面板显示 Er2 错误信息表示（　　）。

A．操作面板锁定　　B．运行中写入错误

C．禁止写入错误

2．三菱变频器 FR－D700 操作面板显示 Er3 错误信息表示（　　）。

A．参数读取错误　　B．参数写入错误　　C．校正错误

3．三菱变频器 FR－D700 操作面板显示 E.OC3 错误信息表示（　　）。

A．减速、停止时过电流跳闸　　B．加速时再生过电压跳闸

C．恒速时再生过电流跳闸

4．三菱变频器 FR－D700 操作面板显示 E.OC2 错误信息表示（　　）。

A．加速时过电流跳闸　　B．恒速时过电流跳闸

C. 减速、停止时过电流跳闸

四、简答题

1. 简述变频器的日常维护项目有哪些。

2. 简述变频器的安装方法。

3. 简述正弦脉宽调制（SPWM）变频技术的概念。

4. 交－直－交型变频器由哪些部分组成?

5. 以三菱变频器 FR－D700 为例，分组讨论其常用的接线端子功能。

6. 访问 http://www.meas.cn 网站，下载三菱通用变频器 FR－D700 使用手册，自主学习相关知识。